西藏山洪灾害研究

巩同梁 著

长江出版社
CHANGJIANG PRESS

图书在版编目（CIP）数据

西藏山洪灾害研究 / 巩同梁著．
-- 武汉：长江出版社，2023.10
ISBN 978-7-5492-9177-9

Ⅰ．①西⋯ Ⅱ．①巩⋯ Ⅲ．①山洪－山地灾害－研究
－西藏 Ⅳ．① P426.616

中国国家版本馆 CIP 数据核字 (2023) 第 199953 号

西藏山洪灾害研究

XIZANGSHANHONGZAIHAIYANJIU

巩同梁　著

责任编辑：李海振
装帧设计：刘斯佳
出版发行：长江出版社
地　　址：武汉市江岸区解放大道 1863 号
邮　　编：430010
网　　址：http://www.cjpress.com.cn
电　　话：027-82926557（总编室）
　　　　　027-82926806（市场营销部）
经　　销：各地新华书店
印　　刷：武汉新鸿业印务有限公司
规　　格：787mm×1092mm
开　　本：16
印　　张：9
字　　数：200 千字
版　　次：2023 年 10 月第 1 版
印　　次：2024 年 3 月第 1 次
书　　号：ISBN 978-7-5492-9177-9
定　　价：76.00 元

前 言
PREFACE

　　西藏山洪灾害具有点多面广、突发性强、成灾迅速、破坏力大、致灾动力因子复杂、监测预警困难多等特点,同时,也具有季节性显著、区域分布明显等特点。开展西藏山洪研究,探讨山洪时空分布特征,甄别诱发山洪暴发的动力因子,分析山洪行洪过程及其诱发山体滑坡、坍塌、泥石流等次生灾害的机理,进而提出一套监测、预警、避灾、治理的理论或技术,从而达到山洪灾害可测、可防、可治、能避让的目的,是我多年来从事山洪灾害研究的意义所在。

　　山洪是一种自然现象。山洪暴发的动力因子十分复杂,一般来讲,区域性暴雨集中形成的快速坡面汇流是形成山洪的关键动力因子,这主要取决于小流域坡面的地形条件、地质条件和植被等水文下垫面条件。

　　对于坡面相对平缓、地质或植被条件相对较好的小流域,同等量级的暴雨可能只会形成一般性的溪河洪水,这种类型的山洪危害性相对较小,主要表现为局部冲刷、坍塌、满溢、淹没等。相对来讲,溪河洪水较容易监测、预报预警,也容易采取修建防洪堤或消能坎等山洪沟防洪治理工程措施或非工程措施来实现山洪灾害防治的目标。

　　对于坡面相对平缓或较陡,但地质条件松散或植被条件相对较差的小流域,同等量级的暴雨可能会形成冲刷性较强的溪河洪水,这种类型的山洪具有一定的危害性,在洪水演进的过程中极易伴生泥石流,主要表现为山洪沟冲刷、坍塌、满溢、淹没等。相对来讲,这种类型的溪河洪水较容易监测,但预报预警难度较大,也容易采取河道疏浚、修建防洪堤或消能坎等山洪沟防洪治理工程措施或非工程措施来实现山洪灾害防治的目标。

　　对于坡面相对较陡、地质或植被条件相对较好的小流域,同等量级的暴雨可能会形成泥石流型山洪,这种类型的山洪危害性很大,主要表现为山洪沟上游局部冲刷、坍塌后形成小型堰塞水塘,溃决后形成更大量级的山洪,对下游再次冲刷并造成坍塌,形成更大规模的堰塞水塘,蓄积更大势能,一旦再次溃决,巨大的动能对下游冲刷、坍塌、淹没等危害更大,而且容易形成多次灾害链。这种情况 2017 年在昂仁县和卡若区几条山洪沟都发生过,也是西藏最具典型的山洪类型。相对来讲,这种类型的山洪来势凶猛,不容易监测、预报预警,对住房、农田、道路、桥梁等毁坏面广,损失大,也极易造成人员伤亡,灾后恢复重建难度较大。

山洪沟上游冰湖溃决形成突发性山洪,这是西藏最具典型的自然灾害。西藏广泛分布的冰湖地势高亢,有相当数量的冰湖具有潜在溃决风险,历史上已多次发生冰湖溃决洪水灾害。这种冰湖溃决型山洪灾害具有极强的冲毁、淹没破坏力,对住房、农田、道路、桥梁、山体等毁坏面广,损失大,极易造成人员伤亡,灾后恢复重建难度更大。尽管监测、预报预警难度很大,但近年来在国家和自治区有关部门的支持下,已陆续建立了一些冰湖专业监测站,在研究和实践预测预报方面进行着积极探索,同时也尽量发挥当地农牧民群测群防作用,逐步建立和完善基层广播预警机制,为预防和规避类似突发型山洪灾害提供了基本制度和机制保障。

山洪灾害是作为自然现象的山洪过程作用于人类活动或作用于影响人类活动的环境而造成一定程度的损害,关键构成要素包括水、人的伤亡、财物损失、环境毁坏。作为一种典型的水文地质灾害,山洪灾害常用洪水四要素来描述,即洪峰流量、洪水总量、峰现时间和洪水历时。青藏高原小流域坡面坡度和河道比降都较大,河床较窄,行洪区小,调蓄能力低,使得山洪具有洪水流量过程线尖瘦、陡涨陡落、洪水历时短、流域滞时短的特点。同时,山洪的形成与局地降雨、地形条件密切相关,因此具有典型的青藏高原山洪灾害区域特点。把握好这些特点,有益于对西藏山洪更好地开展深入研究。

根据初步调查研究,历史上西藏境内曾发生过 2600 多次山洪灾害,其中,日喀则占 33.4%,林芝和山南各占 20%,昌都占 17.3%,那曲占 4.6%,拉萨占 4.2%,阿里占 0.5%。全区广泛分布有 2483 座冰湖,其中具有潜在溃决风险的冰湖 219 座,占 8.8%。在历史上发生的冰湖溃决事件中,7—9 月发生的概率占全年的 85%,其中 7 月份占 35%,8 月份占 35%,9 月份占 15%。按照地区分别统计,日喀则占 60%,

山南占 20％,林芝占 10％,那曲和昌都各占 5％。

《西藏山洪灾害研究》一书还需在今后工作中继续深入思考、不断总结、持续探究,不断丰富和完善。

本书主要以西藏山洪灾害发生频繁、损失严重的藏东"三江"流域、"一江三河流域"、川藏公路南北线路段、中尼公路、青藏铁路(公路)的重点区域作为研究重点。

本书通过对西藏溪河洪水灾害、泥石流灾害及冰湖溃决洪水泥石流灾害的调查与分析,利用地理信息系统(GIS)、遥感(RS)和全球定位系统(GPS)进行数据采集、存储、管理、分析和建库,初步掌握了山洪灾害的时空分布规律及特征,对山洪灾害的形成条件与机理进行研究。

本书的编写是一项艰巨工程,从 2007 年开始完成初稿,到后来很幸运地获得"国家科技学术著作出版基金"项目资助,十多年来不断补充和完善,借鉴、吸收和采纳了近年来一些单位和个人的相关报告、专著、文献等资料,先后得到了恩师中科院院士刘昌明先生和全国政协副主席、中科院院士王光谦先生的悉心指导,中科院院士姚檀栋先生、中科院院士崔鹏先生和西藏自治区白玛旺堆、李文汉等领导专家多次给予帮助和指导,在此一并表示感谢。

全书共分为 7 章,倾注了作者和参加编写人员的心血。先后参加本书编撰的人员有巩同梁、王中根、谢玉红、傅旭东、王静、郭晓军、桂发二、巴桑赤烈、汪银奎、许晓春等同志,孙杰、王宏、罗再均、李成林、洛珠尼玛、江玉洁、达珍、罗伟峰、次旦央宗、李孝贤、胡飘飘、王瑞等同志参加了本书的有关工作。他们分别来自西藏自治区防汛抗旱指挥部办公室、清华大学、北京师范大学、中国科学院、西藏自治区水利厅、西藏自治区自然资源厅、西藏自治区气象局、西藏自治区水文水资源勘测局、西藏自治区水利电力规划勘测设计研究院、西藏农牧学院、西藏自治区冰湖灾害防治与资源利用重点实验室、雅鲁藏布大峡谷水循环西藏自治区野外科学观测研究站等单位。我谨向他们深表谢意,并向他们所在单位和部门给予的大力支持和帮助致谢。本书得到了国家"十五"科技攻关计划项目《雅鲁藏布江水资源演变与水生态安全(项目编号：2005BA901A11)》、中国科学院战略性先导科技专项（B类）《青藏高原水体多相态转换对流域水循环及其水资源的影响》子课题《西藏高原区域大江河径流空间分布（项目编号：XDB03030202）》、中央引导地方科技项目《冰湖溃决灾害风险监测预警与应急响应技术研究科技创新基地建设（项目编号：XZ202301YD0002C）》项目资助。

感谢著名书法家荆向海先生为本书题签。谨向所有关心、支持本书研究的单位和个人表示诚挚谢意。

西藏地处祖国西南边陲，是"亚洲水塔"。发源于西藏的大江大河多为跨界、跨境河流，做好山洪灾害防治与减灾工作既是保障经济社会发展的需要，也是保护好青藏高原生态环境的需要，希望本书对西藏防灾减灾工作有所贡献和借鉴。本书还有许多不足之处，敬请读者批评指正。

2023 年 7 月于西藏农牧学院

目 录

CONTENTS

1 研究区域概述

1.1 自然地理

1.1.1 地理位置

西藏自治区位于东经 78°25′～99°06′和北纬 26°50′～36°53′之间,东西向最大长度达 2000km,南北向最大宽度约 1000km,平均海拔在 4000m 以上,素有"世界屋脊"之称,是世界上海拔最高的青藏高原的主体部分。西藏北与新疆维吾尔自治区、青海省毗邻,东隔金沙江和四川省相望,东南部和云南省相连,西部和南部与印度、尼泊尔、不丹、缅甸等国以及克什米尔地区接壤,国境线长达 4000 多 km,是中国西南边陲的重要门户。西藏自治区总面积 120.28 万 km²,约占全国总面积的 1/8,仅次于新疆维吾尔自治区,居全国第二位。

1.1.2 地形地貌

辽阔的青藏高原上,分布着我国许多著名的山脉。其中东西走向的山脉从南至北主要有喜马拉雅山脉、冈底斯—念青唐古拉山脉、喀喇昆仑—唐古拉山脉、昆仑山脉。它们的山峰海拔多在 5500m 以上,并有由南向北递减的总趋势。喜马拉雅山脉平均海拔在 6000m 左右。世界上海拔最高的珠穆朗玛峰,海拔为 8848.86m,就屹立在它的中段。南北向的山脉主要分布在西藏的东部,从西向东有伯舒拉岭、他念他翁山脉、芒康山脉,山峰海拔在 4000m 以上,最高的超过 6000m[1-3]。由于山脉的阻隔和地理位置、海拔的不同,西藏各地的自然条件差异极大,归纳起来,大致可以划分为四大片。

(1)藏东片:该片主要指洛隆—类乌齐—尚卡一线以南的"三江流域"(怒江、澜沧江、金沙江)地区,土地面积约 8 万 km²。流域内山峰海拔多在 4000m 以上,江面海拔在 2000～3500m,相对高差 1500～2500m,由于山高谷深,地形起伏大,地貌呈明显的垂直地带性分布规律。

(2)藏东南片:该片主要指察隅、墨脱和错那、林芝、波密、米林、朗县的部分地区,土地面积约 14 万 km²。这里正处在西藏东西向与南北向山脉的交会处,又是印度洋暖湿气流进入高原的前缘,地形破碎,起伏很大,河流切割较深,构成中高山峡谷地形。峰顶附近广泛发育着现代海洋性冰川,山峰海拔多在 4000m 以上,谷底平均海拔多在 3000m 以下,是西藏平均海拔最低的区域。

(3)藏南片:该片主要指冈底斯—念青唐古拉山脉的西段以南和当雄—安多—唐古拉山口一线以东,藏东片以西,藏东南片以北的广大地区,土地面积约 40 万 km²。这里河谷宽广,大部分区域地形起伏较小,谷底海拔多在 3000～4000m,山峰海拔多在 4500m 以上,构成中低山宽谷湖盆地形。

(4)藏北片:该片主要指藏北内流水系区,即辽阔的羌塘内陆区,土地面积约 58 万 km²。羌塘内陆区四周有高大的山脉与外流区隔绝,而内部又分布着纵横交织、连绵起伏的低山丘陵,构成数以千计的、相互不连通的湖盆,每一个湖盆都是一个小的向心水系。水系内地形起伏小,河流切割微弱,河水向湖盆中心汇集。湖面海拔为 4500～5000m,湖盆边缘的山峰海拔多在 5500m 以上。

1.2 气候与气象

1.2.1 气候

西藏地处中国西南边陲,是青藏高原的主体部分,平均海拔 4000m 以上,素有“世界屋脊”之称。面积大、纬度高,复杂特殊的地理环境,形成复杂多变的独特气候[4]。西藏虽位于中低纬度地带,但由于地势高,温度条件逊于我国东部同纬度地区,尤其是高原面上年平均气温大多在 0℃ 以下,普遍比东部地区低 10℃ 以上。全区年平均气温 4.2℃,极端最低气温 −41.2℃(那曲市),极端最高气温 33.8℃(墨脱地区)。大部分地区 ≥10℃ 积温不足 1500℃,比东部低海拔地区低 2000℃ 以上。由于地势和纬度影响,西藏各地温度条件差异很大。藏东南山地特别是喜马拉雅山南侧低谷是西藏最温暖地域,月平均气温一般在 10℃ 左右,年平均气温超过 15℃,≥10℃ 积温 4700～5100℃,无霜期 270 天以上;而雅鲁藏布江中游海拔 4100m 以下的谷地,气候较温和,年平均气温 5～8℃,≥10℃ 积温约 2000℃ 左右,全年无霜期 120～150 天;至于大部分高原地区则为亚寒带气候,几乎全年都有霜冻。年平均蒸发量 1270mm,大部分地区属于干旱地区。干湿、冻融交替的气候特点,为冻融侵蚀的发展创造了条件。

西藏大部地区气候干冷,总的来说,太阳辐射强,日照时数多;气温低,气温日较差大,年较差小;雨季和旱季分明,多夜雨和冰雹;春季干燥,多大风天气[5,6]。这些独特的气候主要表现在喜马拉雅山脉以北的西藏高原主体部分。文献[5,6]利用西藏高原近 40 年来的逐月气象数据,通过时间序列分析和非参数 Mann-Kendall 检验方法,对西藏高原日照时数、年平均气温、小型蒸发皿蒸发量和降水量 4 个基本气象要素变化特征进行了较为全面的分析,揭示了近 40 年来西藏高原气候变化的主要特征。

结果表明:(1)日照时数西北部长,东南部短,且东南部呈一定的下降趋势,西北部呈一定的上升趋势;(2)年平均气温以 0℃和 5℃为界划分为 3 个区,研究区全年总体表现出升温趋势,藏西地区的气温变化趋势大于藏东地区;(3)蒸发量年变化很大,研究区整体呈下降趋势,空间上表现为从西部向东部逐渐减少的趋势,其中仅西部和东南部小部分地区呈现出上升趋势,其余地区都为下降趋势;(4)降水变率空间分布上的基本规律是:其大小由东往西逐渐减小,藏中和藏东为上升趋势;藏西为下降趋势。另外,4 个要素各月与各季节的变化趋势与年变化趋势之间表现出很好的一致性。

据气象资料统计,西藏在东南至西北方向上由察隅—拉萨—申扎—改则—噶尔年平均气温呈现下降趋势,降水量也呈现下降趋势,水面蒸发基本呈上升趋势(除拉萨蒸发高于察隅、申扎、改则外)。应用西藏 1952—1995 年温度序列资料对其基本气候特征、年代变化、气候突变、振荡周期、异常冷暖、变化趋势等进行了分析,结果表明:年与各季气温大都具有 3 个暖期和 2 个冷期,20 世纪 60 年代是最冷的 10 年,以秋季降温最明显,80 年代中后期至 90 年代气温偏高。气候突变出现在 60 年代初和 80 年代初。60 年代、70 年代多异常偏冷年,80 年代多异常偏暖年,气温异常多发生在夏季和冬季,90 年代大多数年份发生气温异常。近 10 年春秋季增温率最大[8]。

西藏气候由东南向西北可分为极湿润(多雨带)、湿润、半湿润、半干旱、干旱 5 个气候带;垂直方向上不同带有差异,极湿润、湿润带降水量以谷地及山体下部为大,峰岭地带为小;半干旱、干旱带则相反,谷地较小,山地较大。但由峰岭向谷地,气候由寒带、亚寒带渐变为温带或亚热带的规律不变。

1.2.2 气象

西藏高原复杂多样的地形地貌,形成了独特的高原气候。除呈现西北严寒干燥、东南温暖湿润的总趋势外,还有多种多样的区域气候和明显的垂直气候带。与中国大部分地区相比,西藏的空气稀薄,含氧量少,日照充足,辐射强烈,气温较低,降水较少。西藏高原的空气中氧气含量为 150~170g/m³,相当于平原地区的 62%至 65.4%,水的沸点大部分地区也降至 84~87℃。西藏是中国太阳辐射能最多的地方,比同纬度的平原地区多 1/3~1 倍日照时数,也是全国的高值中心,拉萨市的年平均日照时数达 3005 小时,比同纬度的东部地区日照总时数多 1000 小时左右。文献[9,10]利用西藏地区的地面历史资料和 500Pa 高度场资料,对高原的季风气候特征作了分析。结果表明:①冬季,西藏地区主要受高原北侧西风带系统或南侧南支槽的影响。夏季,西藏地区主要受印度半岛—孟湾热低压的高原切变线影响。当伊朗副热带高压强烈东伸或西太平洋副热带高压强烈西伸时也会控制西藏地区。②西藏高原各气候区降水分布存在明显的差别,部分地区降水有双峰特征。进入 80 年代后,夏季降水呈减少趋势,而冬季降水呈增多趋势。③从 70 年代中后期开始,高原上冬夏季平均气温都明显上升,部分地区升幅达 2.0℃以上。④冬季高原降雪波动幅度最大的地区在南部边缘地区,暴雪天气频繁。夏季降水波动幅度最大的地区在沿江西段,干旱、洪涝天气交替出现。

西藏的气温年变化小、日变化大。拉萨、日喀则的年平均气温和最热月气温比相近纬度的重庆、武汉、上海低 10～15℃。拉萨、昌都、日喀则等地的年温差为 18～20℃，阿里地区海拔 5000m 以上的地方，8 月白天气温为 10℃ 以上，而夜间气温降至 0℃ 以下。西藏地区的降水主要受控来自印度洋的西南季风，加上地形高度与山脉走向的影响，降水在地区分布上不均衡[5,7,11]。文献[11]通过对青藏高原 72 个地面气象站 1962—1999 年的气温和降水变化进行分析，以唐古拉山脉为界将高原分为青海区和西藏区，分别考察了两区冬春（上年 10 月—当年 5 月）和汛期（当年 6—9 月）气温与降水的变化趋势、突变及其周期振荡，得出的主要结论为：近 38 年（1962—1999 年）来，青藏高原呈升温趋势，冬春大多数台站的升温率为 0.002～0.003℃/a，汛期大多数台站的升温率为 0.001～0.002℃/a；20 世纪 80 年代以来，高原冬春气温的升温更为强烈，汛期西藏区呈微弱降温趋势，降温主要发生在西藏的江河谷地；1980 年左右全球性的暖突变在青藏高原是明显存在的。近 38 年来，西藏区汛期降水在 20 世纪 60 年代基本偏多，70 年代和 80 年代初偏少，80 年代中到 90 年代偏多；西藏区冬春降水呈现自己独特的变化，60 年代到 70 年代初偏少，70 年代中末期到 90 年代偏多。全区降水量从东南至西北逐渐减少，呈规律性变化。来自孟加拉湾的西南季风所携带的暖湿气团向雅鲁藏布江河谷挺进，在 U 形河谷受阻后产生大量降水。丹巴曲处于 U 形河谷末端，恰似口袋底，迫使气流积聚抬升，形成大量降水。据实测资料记载：藏东南戴林站多年平均降水量达 5317mm（22 年均值）；巴昔卡年降水量达 4496mm（35 年均值）。另据《印度山脉与河流》一书中提到的阿波尔山、米什米山的年降水量为 5100～6400mm；显然，在戴林、巴昔卡以北至阿波尔山、米什米山之间的雅鲁藏布江干流两侧高山和丹巴曲上、中游为一降水高值区，其中心区降水量在 6000mm 以上，为西藏降水最丰沛地区。墨脱降水量为 2650mm，察隅多年平均降水量为 802.7mm，喜马拉雅山脉南坡西藏聂拉木县境内的樟木（海拔约 2300m）年降水量为 2817mm，都是西藏的湿润多雨区。

西藏高原东部边缘地区冬季多为高空西风急流所控制，干冷、少雨，夏季西南季风带来大量水汽沿河谷北上，形成降水，降水由南向北递减，年降水量一般在 600～1000mm。昌都、洛隆以南河流深切、山高谷深，年降水量比以北地区少；受下沉气流的影响形成干热河谷，察雅一带是降水量的低值区，降水量 400mm 左右；而在北纬 31.5°～32.5°，由于受东西切变线影响，那曲为低涡的高频发带，且那曲低涡向东延伸，与横切变线大致吻合，加之有利地形，从而形成藏东北降雨中心，类乌齐、丁青、索县、巴青等县以北，实测年降水量均在 600mm 以上。降水量级划见表 1-1。

表 1-1　　　　　　　　　　　　降水量级划（24 小时降水总量）　　　　　　　　　　　单位：mm

小雨	中雨	大雨	暴雨	大暴雨	特大暴雨
<10	10～25	25～50	50～100	100～200	≥200

暴雨预警信号分四级,分别以蓝色、黄色、橙色、红色表示,见表1-2。

表 1-2   **暴雨预警信号分级表**

图标	含义	防御指南
暴雨蓝色预警信号	12小时内降雨量将达50mm以上,或者已达50mm以上且降雨可能持续。	1. 政府及相关部门按照职责做好防暴雨准备工作;2. 学校、幼儿园采取适当措施,保证学生和幼儿安全;3. 驾驶人员应当注意道路积水和交通阻塞,确保安全。
暴雨黄色预警信号	6小时内降雨量将达50mm以上,或者已达50mm以上且降雨可能持续。	1. 政府及相关部门按照职责做好防暴雨工作;2. 交通管理部门应当根据路况在强降雨路段采取交通管制措施,在积水路段实行交通引导;3. 切断低洼地带有危险的室外电源,暂停在空旷地方的户外作业,转移危险地带人员和危房居民到安全场所避雨。
暴雨橙色预警信号	3小时内降雨量将达50mm以上,或者已达50mm以上且降雨可能持续。	1. 政府及相关部门按照职责做好防暴雨应急工作;2. 切断有危险的室外电源,暂停户外作业;3. 处于危险地带的单位应当停课、停业,采取专门措施保护已到校学生、幼儿和其他上班人员的安全;4. 做好城市、农田的排涝,注意防范可能引发的山洪、滑坡、泥石流等灾害。
暴雨红色预警信号	3小时内降雨量将达100mm以上,或者已达100mm以上且降雨可能持续。	1. 政府及相关部门按照职责做好防暴雨应急和抢险工作;2. 停止集会、停课、停业(除特殊行业外);3. 做好山洪、滑坡、泥石流等灾害的防御和抢险工作。

拉萨一带的雅鲁藏布江谷地降水量为400~450mm。雅鲁藏布江流域上游和中游上部以及藏北的南部地区年降水量均小于300mm。青藏高压中心控制下的羌塘高原内陆区降水量更少,仅150~300mm。阿里地区是高原夏季热高压的中心,冬季又处在高空西风环流控制下,所以冬夏降水都很少,狮泉河年均降水量仅为71.3mm,其他县域降水量不足50mm。

西藏降水量的年内分配极不均匀,"旱季"和"雨季"非常明显是西藏高原气候的一个显著特征。降水量年内变化大,主要集中在6—9月。西藏又是全国冰雹日数最多的地区,那曲年平均冰雹日35天,多为小冰雹。

西藏地区雨季开始时间各地不同:藏东南雨季从4月份左右开始,向西部、西北部逐渐推迟,山南、那曲、拉萨、日喀则等地区为6月份前后,阿里地区为7月份。雨季结束时间:藏东南地区一般在10月份;山南、那曲、拉萨、日喀则、阿里等地区多在9月份。

西藏降水量的年际变化不大,最大与最小年降水量之比一般为2.0~3.5。

1.3 水文

1.3.1 河川径流

西藏河川径流的来源主要是降水,此外尚有冰川、融雪及地下水补给。西部、北部河流以地下水补给为主;中部和东南部的河流以雨水补给为主;帕隆藏布以及喜马拉雅山南麓的一些河流以融水补给为主;东部的河流则为混合补给类型;中小河流多以雨水补给为主[12,13]。

西藏河川径流量补给类型复杂多样,径流的地区分布存在明显的地带性变化。径流深由藏东南向西、由南向北递减,年径流深的变幅从藏西的不足10mm到藏东南中印边境一带的近5000mm,相差500倍[14]。

东部"三江"流域和羌塘内陆区径流深分布与降水量基本一致,怒江那曲以上及澜沧江察雅地区干热河谷一带径流深小于200mm。羌塘内陆区径流深10~100mm。

藏南诸河达旺—娘江曲以西,径流深100~1600mm,呈从南到北、从东到西递减的分布规律。

年径流深的地区分布无论水平及垂直地带性差异均较年降水量大。年降水量的水平地带性差异为100~6000mm,而年径流深水平地带性差异为不足10mm至近5000mm。主要是干旱地区径流系数小,降水量损耗相对较大,湿润地区径流系数大,降水量损耗相对较小的缘故[12,13,15-17]。

文献[18]将雅鲁藏布江流域划分为542个子流域。根据层次分析法选取权重较大的相似因子如气象因子(降水、蒸发)下垫面因素(土地利用类型、地形因子)共计12个因子,并将其平均到子流域中,组成542行12列的因子矩阵。在保留原来相似因子信息的基础上,选取了5个主成分。按照地区差异和流域结构形态,呈现出条带和块状分区,如图1-1所示。这些典型的水文分区和雅鲁藏布江的地理分布相对应。

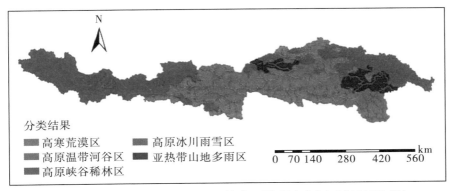

图 1-1　雅鲁藏布江流域水文相似性分区(资料来自《水文》201802 期)

1.3.2　年内年际变化

西藏河川径流的水文年内分配极不均匀。对于冰、雪融水补给为主的河流,由于温度高的季节冰、雪融水量大,降水量也大,使径流量较集中,连续最大 4 个月径流量一般出现在6—9 月,如藏东南的易贡藏布贡德、嘎布通站连续最大 4 个月径流量占年径流量的 80% 左右;而以地下水补给为主的河流,连续最大 4 个月(7—10 月)的径流量占年径流量的 60%～70%,如年楚河的日喀则站、森格藏布的狮泉河站连续最大 4 个月径流量分别占年径流量的67%、63%;以降水量补给为主要类型的河流,6—9 月径流量占年径流量的 70%～80%。最大月径流量一般出现在 7、8 月,占年径流量的 20%～30%[19-23]。

西藏诸河径流年际变化一般比较小,其变差系数 Cv 值在 0.14～0.39。年平均径流量的最大值与最小值的比值在 1.8～3.7。年径流变差系数的分布规律与降水量变差系数分布规律大体一致,但因补给条件的不同存在明显的差异。雨水补给为主的河流 Cv 值大,融水补给为主的河流 Cv 值小。

西藏洪水可分为流域性洪水、区域性洪水和局部性洪水。流域性洪水一般是指本流域内降雨范围广、持续时间长,主要干支流均发生不同量级的洪水;区域性洪水是指降雨范围较广、持续时间较长,致使部分干支流发生较大量级的洪水;局部性洪水是指局部地区发生短历时强降雨过程而形成的洪水。

依据《水文情报预报规范》(SL250-2000)的规定,江河流域洪水量级的判别标准有 4 个等级,即洪水重现期≥50 年为特大洪水;20～50 年为大洪水;5～20 年为较大洪水;低于 5 年为一般洪水。

2 山洪灾害特征

2.1 山洪灾害的概念

山洪是一种自然现象，是陆面水循环过程中突变的非均衡水循环现象，是暴雨、持续降水或持续温度变化引起冰川变化等导致溪河洪水暴涨、高位湖泊溃决等形成的突发性洪水对下游造成的冲刷、侵蚀、淹没及其次生的山体滑坡、崩塌、坍塌、堰塞湖等水文地质过程，当然包括水库溃决洪水，可能是自然因素，也可能是人为因素导致的水文地质作用的过程。

山洪具有突发性、水量集中、破坏力大等特点。山洪及其诱发的泥石流、滑坡常造成人员伤亡，毁坏房屋、田地、道路和桥梁等，甚至可能导致水坝、山塘溃决，以及堵塞江河，危及城镇安全等。

尽管山洪是一种自然现象，但即便是一场次中小规模的山洪对人类活动的影响也常常是无法忽视的。暴发山洪的动力因子十分复杂，一般来讲，区域性暴雨集中形成的快速坡面汇流是形成山洪的关键动力因子，这主要取决于小流域坡面地形条件、地质条件和植被等水文下垫面条件。

山洪灾害是作为自然现象的山洪过程作用于人类活动或作用于影响人类活动的环境而造成的一定程度的损害，关键构成要素包括水、人的伤亡、财物损失、环境毁坏。作为一种典型的水文地质灾害，山洪常用四个要素来描述，即洪峰流量、洪水总量、峰现时间和洪水历时。青藏高原小流域坡面坡度和河道比降都较大，河床较窄，行洪区小，调蓄能力低，使得山洪具有洪水流量过程线尖瘦、陡涨陡落、洪水历时短、流域滞时短的特点。同时，山洪的形成与局地降雨、地形条件密切相关，因此具有典型的青藏高原山洪灾害区域特点。把握好这些特点有益于对西藏山洪更好地开展深入研究。

山洪灾害是指降雨在山丘区引发的洪水灾害及由山洪诱发的泥石流、滑坡等对国民经济和人民生命财产造成损失的灾害[26,27]，主要表现为山体滑坡、泥石流和溪河洪水。

山洪灾害必须具备有承灾体，没有承灾体就形成不了灾害，如图 2-1（a）和图 2-1（b）所示。尽管山洪是一种自然现象，但在荒无人烟的高山地区，不管发生多大规模的山洪、来势多凶猛，均不会造成灾害。

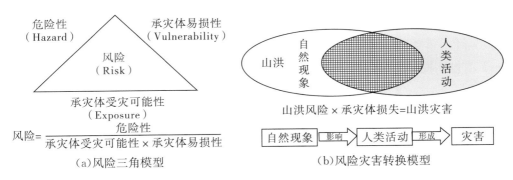

（a）风险三角模型　　　　　　　　（b）风险灾害转换模型

图2-1　山洪灾害概念模式

对于坡面相对平缓、地质或植被条件相对较好的小流域，同等量级的暴雨可能只会形成一般性的溪河洪水，这种类型的山洪危害性相对较小，主要表现为局部冲刷、坍塌、满溢、淹没等。相对来讲，溪河洪水较容易监测、预报预警，也容易采取修建防洪堤或消能坎等山洪沟防洪治理工程措施或非工程措施来实现山洪灾害防治的目标。

对于坡面相对平缓或较陡，但地质条件松散或植被条件相对较差的小流域，同等量级的暴雨可能会形成冲刷性较强的溪河洪水，这种类型的山洪具有一定的危害性，在洪水演进的过程中极易伴生泥石流，主要表现为山洪沟冲刷、坍塌、满溢、淹没等。相对来讲，这种类型的溪河洪水较容易监测，但预报预警难度较大，也容易采取河道疏浚、修建防洪堤或消能坎等山洪沟防洪治理工程措施或非工程措施来实现山洪灾害防治的目标。

对于坡面相对较陡、地质或植被条件相对较好的小流域，同等量级的暴雨可能会形成泥石流型山洪，这种类型的山洪危害性很大，主要表现为山洪沟上游局部冲刷、坍塌后形成小型堰塞水塘，溃决后形成更大量级的山洪，对下游再次冲刷并造成坍塌，形成更大规模的堰塞水塘，蓄积更大势能，一旦再次溃决，巨大的动能对下游冲刷、坍塌、淹没等危害更大，而且容易形成多次灾害链。这种情况2017年在昂仁县和卡若区几条山洪沟都发生过，也是西藏最具典型的山洪类型。相对来讲，这种类型的山洪来势凶猛，不容易监测、预报预警，对住房、农田、道路、桥梁等毁坏面广，损失大，也极易造成人员伤亡，灾后恢复重建难度较大。

山洪沟上游冰湖溃决形成突发性山洪，这是西藏最具典型的自然灾害。西藏广泛分布的冰湖地势高亢，有相当数量的冰湖具有潜在溃决风险，历史上已多次发生冰湖溃决洪水灾害。这种冰湖溃决型山洪灾害具有极强的冲毁、淹没破坏力，对住房、农田、道路、桥梁、山体等毁坏面广，损失大，极易造成人员伤亡，灾后恢复重建难度更大。尽管监测、预报预警难度很大，但近年来在国家和自治区有关部门的支持下，已陆续建立了一些冰湖专业监测站，在研究和实践预测预报方面进行着积极探索，同时也尽量发挥当地农牧民群测群防作用，逐步建立和完善基层广播预警机制，为预防和规避类似突发型山洪灾害提供了基本制度和机制保障。

山洪灾害的发生具有明显的区域性、突发性、群发性，破坏性强，恢复难度大，其空间分布与暴雨、地形地质的空间分布密切相关[28-31]。溪河洪水灾害的发生次数具有一定的年际变化规律,降雨量多的年份就是溪河洪水灾害多发年[32]。泥石流、滑坡灾害分布与降雨时间分布具有同期性,在空间和时间上的变化具有与溪河洪水相同的重现性。

2.2　山洪灾害空间分布

由于缺乏详细的历史山洪灾害资料,西藏自治区山洪灾害的形成特征、时空格局等方面的研究尚显不足。从宏观分析,西藏境内山洪灾害在空间的分布上是有一定规律的,以线状分布为主。藏东地区主要分布在"三江并流"的金沙江河谷地带、澜沧江及支流河谷地带、怒江及支流河谷地带;藏东南地区主要分布在帕隆藏布即318国道沿线一带、易贡藏布下游易贡至通麦一带、拉月曲河谷及支流东久河谷地带、尼洋河中下游河谷地带、雅鲁藏布江下游朗县至墨脱一带;藏中地区主要分布在雅鲁藏布江中游河谷地带,西起拉孜,东至加查,总体上沿河谷呈鱼刺状分布;藏南地区主要分布于念青唐古拉山和冈底斯山以南、喜马拉雅山以北、萨嘎—吉隆一线以东、昂仁—拉孜—萨迦—岗巴—亚东以西广大河谷地区。其中冰川泥石流主要发育在海洋型冰川盘踞的山区,其他山区以暴雨泥石流较多[33-35],而冰湖溃决形成的泥石流则分布在海洋型冰川与大陆型冰川之间的过渡地区[36-38]。

（1）藏东"三江"流域

藏东"三江"（金沙江、澜沧江、怒江）流域的芒康、左贡、八宿、江达、昌都、察雅、类乌齐、丁青、巴青、索县、边巴、洛隆、比如等县山洪灾害主要由降水形成,多以山洪泥石流的形式出现,灾情以冲毁农田、道路、房屋等基础设施为主。如1990年7月22日下午6—7时八宿县吉日村沟暴发大规模灾害性山洪泥石流,洪水从村庄中部通过,全村46户村民中有一半的房屋受到不同程度的危害,泥石流还淤埋了村中饮水设施和灌溉水渠,冲毁了部分耕地。这次灾害不仅给吉日村群众造成巨大的经济损失,也对八宿县城造成直接危害,县贸易公司、运输站、农机站、农机厂均遭受不同程度的损失。这次灾害是八宿县城近年来规模最大、灾情最重的一次山洪泥石流灾害。

近年来,昌都市境内山洪灾情呈逐年加重趋势,水土流失较为严重。1998年至2000年连续三年发生较大型的洪水灾害,其中1998年全地区境内317、318、214国道和省道302线发生泥石流,塌方、滑坡体积$115 \times 10^4 m^3$。毁坏路基154000m,县乡公路243km遭到不同程度毁坏,毁坏木桥85座、水泥桥12座。淹没农田5763亩、冲毁水渠218574m、草场8000余亩、电力线路7000m。贡觉、左贡和茶雅三县部分电站被冲毁,芒康县如美乡电站全部被冲毁。1999年因山洪、泥石流灾害,粮食减产1030t,冲毁水渠335条、堤坝48处,损坏民房96间,死亡10人,冲走牲畜146头（只、匹）。2000年昌都市的江达、丁青、边巴、洛隆、昌都、八宿等7个县不同程度地遭受洪水灾害。据初步统计,淹没农田1927亩,其中1077亩绝收,受灾群众达1000余人,部分房屋倒塌,冲毁桥梁87座、乡村公路200km,大部分县乡公路中断,其中国道317线和省道303线昌都境内部分路基严重水毁,交通中断。

(2)藏南诸河流域

该流域察隅、墨脱、波密、林芝、米林、工布江达、错那、洛扎、隆子、吉隆、聂拉木、定日、定结、亚东等县发生的山洪灾害主要是由降水和冰雪消融形成的。尼洋河下游经常受到洪水威胁,该区域内系山洪泥石流和冰雪消融型泥石流多发区,灾情以冲毁农田、道路、房屋和水利水电基础设施为主,每年洪水期常出现冲毁道路、桥梁等灾情,交通常常中断。西藏东南部山高谷深,冰川发育,冰碛等松散堆积物厚度大,经常发生大型或特大型泥石流堵断主河,形成大小不同的堰塞湖,西藏东南部4条典型泥石流沟所发生的7次大型或特大型泥石流中,有5次形成堰塞湖。文献[39,40]提出,冰雪崩、冰湖溃决或大规模滑坡活动所激发的首阵或前几阵大流量、高速度、多巨砾并与主河正交的黏性泥石流,最容易形成堵塞坝。

如1985年5月29日和6月18—20日林芝市波密县培龙弄巴持续暴发洪水泥石流,阻塞帕隆藏布河道,使河流迅速抬高水位20m以上。6月20日回水淹没公路长达6.8km,使停靠在公路边上的79台大小车辆淹没在水中,堵坝溃决时,连同坝下公路上的一台货车共80辆汽车全部被冲走,仅此直接经济损失就达500万元以上。洪水和泥石流还冲毁了培龙以下40km内的5座吊桥和索桥、8公顷土地、公路道班房及村民住房22间。这次灾害造成川藏公路中断270天之久。

日喀则市吉隆县、聂拉木县、亚东县地处喜马拉雅山南坡,降水丰沛,山洪灾害频繁发生,是西藏山洪灾害多发区,灾情以冲毁道路、房屋、毁坏农田为主。山南市的错那、洛扎、隆子县山洪灾害也时有发生。2000年6月份以来,山南市洛扎县全县境内降水次数明显多于往年,且持续时间长,降水量大,特别是8月28—29日,全县范围内连续普降大雨,持续时间长达40小时,使本县受到了百年不遇的特大山洪灾害。截至8月31日,全县约1293亩农田被水淹没,372.06亩农田、1116亩草场被水冲毁,农牧业遭受巨大经济损失。

(3)藏中"一江两河"流域

该区域系西藏自治区政治、经济、文化中心和人口较为集中的地区,这一地带集中了西藏最为著名的历史文化遗迹,是西藏主要防洪区域。该区域的年楚河流域在未治理前每年洪灾不断,沿河两岸的江孜、白朗、日喀则等县的农田受到洪水的严重威胁。年楚河治理后,这一情势得到了有效控制,但依然存在防洪标准低的问题。如2000年8月底,年楚河流域发生近百年一遇的特大洪水,加之受雅鲁藏布江洪水托顶,本次洪水远远超过河堤的防洪标准,给年楚河江孜至日喀则110km的堤防造成极大的威胁,致使98处决口,118处堤防漫顶。灾害造成公路中断,民房淹没、倒塌;部分县城进水,沿河两岸水利设施损失惨重。由于年楚河堤防结构简陋(均为干砌石),防洪标准低,抗冲能力差,在本次洪水过程中左右两岸长约220km的堤防有95%以上超高不足,35%漫顶,水利设施直接经济损失约6600万元。

拉萨河流域的堆龙河和流沙河汛期由暴雨形成的洪水对拉萨市的工农业生产和城市居

民生活造成严重威胁。近年来对拉萨河城区段、堆龙河下游河段、流沙河城区段河道进行治理后,减轻了洪水对拉萨市区的威胁,但山洪灾害仍时有发生。据记载,近十几年里,拉萨河流域发生山洪灾害较为严重的分别有 1991 年、1993 年、1996 年和 1998 年。雅鲁藏布江中游段的朗县、加查、曲松、乃东、曲水、尼木、南木林、仁布等县区域内山洪灾害每年都有发生,严重威胁该区域内道路交通安全和农业生产的发展,近年灾情呈加重趋势。

(4)藏西诸河流域

该区域地域辽阔,人口稀少,气候寒冷干燥,降水量极少,札达、普兰等县山洪灾害时有发生,但损失相对较小。

(5)羌塘内陆湖区

该区域地域辽阔,人口稀少,素有"万里羌塘"之称,气候寒冷干燥,降水量极少,虽时有山洪灾害发生,但损失相对较小,是西藏山洪灾害损失最小的地区,灾情以冲毁草场为主。

文献[41]统计分析显示,西藏每 100km² 地域山洪灾害发生次数在 0~3.29,山洪灾害分布大致以 30°N 纬线和 90°E 经线为分界线,分界线东部和南部山洪灾害密度明显高于中西北部。东南部地区大部分的密度都高于 0.13 次/100km²,在 0.13~0.42 次/100km²,高的地区甚至大于 1.7 次/100km²,这些地区属于山洪灾害易发地区。整体来看,西藏自治区地域较广,山洪灾害分布十分不均,主要发生在分界线东部的怒江上游、索曲河流域,以及南部的雅鲁藏布江中游、拉萨河流域的山区,从南到北、从东到西山洪灾害发生次数逐渐减少。造成这一现象的客观原因主要是其特殊的地理位置和气候条件,山洪灾害密度较高的地区位于喜马拉雅山脉北部,来自印度洋的西南季风受喜马拉雅山脉的阻隔,在这里容易形成强对流天气,短时间内常出现冰雹、暴雨等极端强降雨天气,再加上这里地形高差大,土质松散,为山洪的发生提供了所需的条件,使得这里山洪灾害发生频率最高。

1983—1997 年山洪发生密度最高为 0.41 次/100km²,密度较高的区域有两处,位于日喀则市的仁布县、白朗县与桑珠孜区交界一带和山南市的乃东区。1998—2009 年山洪发生密度最高为 1.53 次/100km²,密度较高的区域位于日喀则市的仁布县、江孜县、白朗县一带。2010—2015 年的山洪发生密度最高为 1.21 次/100km²,除日喀则市的江孜一带外,主要分布在山南市与拉萨市交界范围的贡嘎县、曲水县、城关区、达孜县地区。

文献[41]认为,西藏自治区 1997 年与 2009 年为两个山洪发生频次突变的时间点。两个突变时间段内,全区山洪的突变情况既有增多,也有不变和减少。不变的区域主要位于广大的藏北地区,增多和减少的区域主要分布于喜马拉雅山脉以北,雅鲁藏布江中游一带,其中密度增多的地区比减少的地区范围大,突变以增多为主。

研究显示,1983—2015 年,西藏自治区各市均有山洪灾害发生,其中发生山洪灾害次数最高的是日喀则市,达 341 次,占总数的 32.33%,年均发生 10.66 次;其次是山南市和林芝市,灾害次数分别为 193 次和 152 次,占总数的 18.29% 和 14.41%;山洪次数最少的是西北部的阿里地区,发生 59 次,仅占总次数的 5.59%。县域统计显示,西藏 74 个县级行政区中,山洪发生次数最高的是仁布县,达 65 次,占总次数的 6.16%;其次是察隅县,山洪发生次数为 63 次,占总次数的 5.97%;山洪次数发生最少的是位于藏北地区的班戈、聂荣、双湖和尼玛四县,全区各县山洪灾害发生次数超过 20 次的共有 19 个县,占总次数的 60.76%。

2.3 山洪灾害时程分布

西藏山洪灾害年际年内时程分布差异较大。总的来讲,山洪灾害的时空分布与降水的时空分布基本一致。藏东、藏东南及喜马拉雅南坡地带,山洪灾害发生的时间早于藏中和藏北地带。20 世纪西藏发生大面积的洪灾有 5 次,而程度不同的山洪灾害则年年发生。特别是川藏公路西藏境内沿线,青藏公路拉萨至羊八井段以及中尼公路沿线是我国山洪泥石流灾害分布最集中、活动最频繁、暴发规模最大、危害亦很严重的重点区域,其中 70% 为雨洪泥石流。

西藏境内山洪泥石流一般发生在夏秋季节,时间分布上的特点是以夏秋季为主,以高温季节和多雨季节为主,山洪暴发与水有着密切的关系。西藏大部分地区一般是 6 月进入雨季,9 月除藏东南的河谷地带外,其他地区基本结束雨季。而山洪泥石流的产生多集中在 7—8 月,因这段时间是降雨的高峰期,且多为暴雨,故在藏东和藏东南,以及藏中的河谷地带,常暴发山洪泥石流或山体滑坡。

藏东南的帕隆藏布河谷、易贡藏布河谷、尼洋河河谷等区域可能发生山洪泥石流的时段相对较长。该地区地处雅鲁藏布江河谷下游大拐弯附近,每年 5 月就进入雨季,至 10 月基本结束。帕隆藏布的然乌至通麦段山洪泥石流自每年的 4 月开始,至 11 月中旬还有零星发生,高峰期常发生在每年的 7—8 月。

藏东"三江"流域受横断山脉影响,雨季比藏东南地区晚 1~2 个月,通常 6 月中下旬进入雨季,一般到 9 月中上旬雨季结束。金沙江河谷及支流、澜沧江河谷及支流、怒江河谷及支流等区域常发生山洪泥石流、滑坡等,以山洪泥石流为主。每年 7—8 月澜沧江上游一级支流扎曲河和二级支流热曲河两岸经常发生山洪泥石流,有时诱发次生山体滑坡,是造成昌都境内国道 317 线、318 线交通中断的主要原因。

拉萨、日喀则和山南市等区域通常在 6 月中旬进入雨季,9 月份雨季结束,其间暴雨常引发山洪、泥石流和滑坡。如 7—8 月日喀则江当至山南乃东一带等雅鲁藏布江河谷地带常有山洪、泥石流发生。

文献[41]研究显示,西藏山洪发生频次的时间分布呈三次函数关系,见图 2-2(a),多次项拟合曲线显示,西藏历史山洪灾害呈以下三次函数增长:

$$y = 0.012x^3 - 0.4123x^2 + 4.5769x - 7.748 \tag{2-1}$$

图 2-2 为西藏历史山洪灾害频次的时间分布,山洪月份分布(图 b)表明,1983—2015 年间山洪灾害,主要发生在 7—8 月,共计 637 次,占总数的 73.39%,其次是 4—6 月和 9 月,各月次

数不超过 100 次,而 12 月至次年 3 月是一年中最低的时段,各月灾害次数均在 20 次以下。

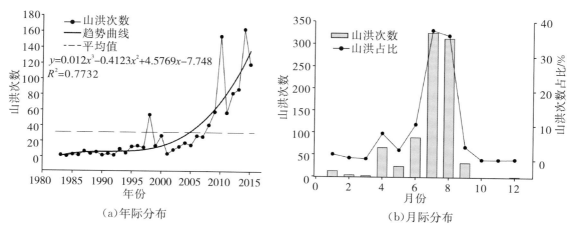

（a）年际分布　　　　　　　　　　　　　（b）月际分布

图 2-2　1983—2015 年山洪灾害的年际分布和月份分布

西藏自治区 1983—2015 年 33 年期间山洪灾害共发生 1055 次,年均发生 32 次。由图 2-2(a)可知,1983—2007 年 25 年间西藏地区的山洪灾害统计次数为 294 次,占总次数的 27.87%;2008—2015 年 8 年间山洪灾害统计次数为 761 次,占总数的 72.13%,其中 2010 年、2014 年、2015 年的灾害次数均大于 100 次,属于山洪灾害频率较高年份。

文献[41]利用 Morlet 小波分析法绘制了西藏山洪灾害小波分析图(图 2-3),得到小波变换实部图(图 a)和小波方差图(图 b),并根据小波方差检验结果,提取两个主要周期绘制相应的小波系数随时间的变化图(图 c 和图 d),可以很好地揭示西藏山洪近 30 年来的周期变化特征。具体来说,西藏山洪的周期变化存在着两个时间尺度特征,即 8 年时间尺度和 33 年时间尺度。图 c 为第一主周期小波系数变化图,在 1983—1988 年、1999—2009 年为山洪发生的偏少期,1989—1998 年、2010 年以后为山洪发生的偏多期。图 d 为第二主周期小波系数变化图,2003—2005 年、2009—2011 年为山洪发生的偏多期,2006—2008 年、2012—2014 年为山洪发生的偏少期,2015 年后的 5～7 年内仍为山洪发生的偏多期。

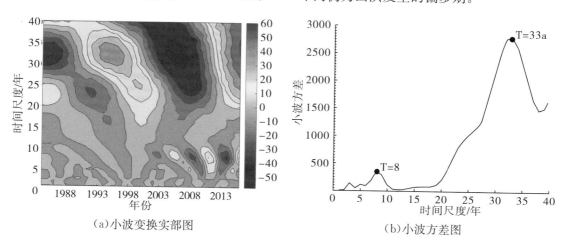

（a）小波变换实部图　　　　　　　　　　（b）小波方差图

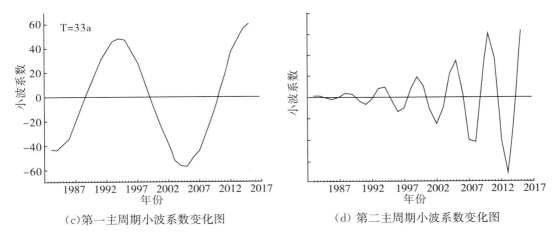

（c）第一主周期小波系数变化图　　　（d）第二主周期小波系数变化图

图 2-3　西藏山洪灾害小波分析图（资料来自《山地学报》36 卷第 4 期）

2.4　山洪灾害类型特征

西藏山洪灾害就其成因可分为以下类型：

（1）暴雨山洪及其诱发的崩塌、滑坡、泥石流等导致的冲刷、淹没灾害链；

（2）冰雪消融山洪及其诱发的崩塌、滑坡、泥石流等导致的冲刷、淹没灾害链；

（3）冰湖溃决山洪及其诱发的崩塌、滑坡、泥石流等导致的冲刷、淹没灾害链；

（4）综合因素（含大型滑坡堵塞江河溃坝洪水、水库溃决、持续降水等自然与人类活动影响）引发的山洪及其诱发的崩塌、滑坡、泥石流等导致的冲刷、淹没灾害链。

西藏地区地质地貌、水文气候等自然环境条件十分复杂和特殊，不仅造成山洪灾害种类多，而且灾害分布广泛，活动十分频繁，每年均有不同灾害程度的山洪发生。考虑到西藏境内山洪灾害的发生几乎均伴随有各类灾种的同时发生（溪河洪水、滑坡、泥石流），本节主要参考《西藏泥石流与环境》，重点对山洪泥石流的类型及分布特征进行叙述。西藏公路沿线各类型泥石流统计见表 2-1。

（1）雨水型泥石流灾害

雨水型泥石流主要发生在夏季，是由夏季降雨产生的坡面径流对谷坡松散固体物质进行强烈侵蚀、搅和、搬动的结果。该类泥石流主要分布在藏东"三江"（金沙江、澜沧江、怒江）流域、藏中地区"一江三河"（雅鲁藏布江、年楚河、拉萨河、尼洋河）流域的广大地区。仅安久拉山以东路段及非冰川作用区的中小流域内业拉山至安久拉山段总计就有 274 条，平均1km 路段分布的该类泥石流沟有 1.32～2.74 条。危害最大的分布地段是金沙江大桥至海通沟，该路段为沿溪线，沟谷狭窄，谷坡陡峻，雨量大，极易造成暴雨泥石流灾害（表 2-2）。

表 2-1

西藏公路沿线各类型泥石流统计表

编号	公路名称	成因	暴雨 坡面	暴雨 沟谷	暴雨 小计	雨洪 坡面	雨洪 沟谷	雨洪 小计	降雨 坡面	降雨 沟谷	降雨 小计	阵加拉风暴 坡面	阵加拉风暴 沟谷	阵加拉风暴 小计	冰川消融 冰川消融	冰川消融 冰雪消融	冰川消融 小计	冰湖溃决类型	冻融类型	人为类型 修渠道	人为类型 其他	合计
1	川藏公路	北	15	8	23																	23
		南				98	16	114	26	6	32				18		18	1	2			167
2	中尼公路	北				106	50	156							1		1	3	3			163
		南					9	9														9
3	青藏公路					14		14														14
4	滇藏公路				35	23	58													30			88
5	拉(萨)—普(兰)				55	27	82												3				85
6	拉(萨)—亚(东)		3	3	15	29	44					3	3		1		1	2				54
7	那(曲)—昌(都)		17		122	38	160								1		1	9				169
8	然(乌)—察(隅)		4	21									2					5				28
9	八(一)—泽(当)			13	20	33												6				67
10	泽(当)—错(那)			27	15	42												4				46
11	加(加)—陈(小吉隆)			25	17									3	3	1					46
12	萨(迦)—吉(吉)				48									3		1					49
13	泽(当)—曲(水)			8	8	16									30	30					16
14	通(麦)—易(贡)						2	8	10			30			30					40

合计：1064（合计）

表 2-2　　　　　　　　　　　　雨水型泥石流分布、特征及活动概况表

编号	泥石流地区	分布（指集中分布地段）	特征	泥石流规模及危害
I	雅鲁藏布江河谷区	①中尼公路日喀则至拉孜段有 43 条，大竹卡以西有 16 条，卡惹拉山口至江孜有 26 条。②萨（迦）陈（塘）公路，仲拉山至萨迦桥段有 16 条。③拉（孜）普（兰）公路拉孜至昂仁段有 21 条。④曲（松）泽（当）公路曲松至绒区段有 39 条。⑤青藏公路羊八井附近有 9 条。	多系发育在风化壳上，沟长和流域面积都较小的溪沟或坡面冲沟。平时无水或雨季流量很小，因强劲的短历时大雨或中雨暴发山洪引起泥石流。其流态多属稀性泥石流。少数流域面积较大，有长流水或位于古冰碛层上的泥石流沟可产生黏性结构泥石流。	暴发频繁，隔年或隔几年暴发。泥石流的规模多属小型，少数流域面积大、活跃程度差，若多年暴发可达中型规模。因此，这些泥石流沟的危害较小，一般不阻车或最多阻车 1～2 日。
II	藏东北高山峡谷区	①黑（那曲）昌（都）公路丁青至觉恩区段有 83 条，舍拉至索县段有 40 多条。②川藏公路怒江到八宿段计有 40 多条，南线邦达至左贡段有 20 多条。	多系发育在风化壳上的冲沟或溪沟，稀性泥石流居多，黏性结构泥石流也有。	怒江至八宿之间有 7 条沟暴发，可具中等规模，危害较大，断路堵车可达数日至半月。其余泥石流沟的规模及危害都较小。
III	藏东南察隅区	①川藏公路然乌至东久段，有 49 条。②然（乌）察（隅）公路，察隅至沙马段有 20 多条。③通麦至易贡支线及易贡湖区有 20 多条。	多系发育在古冰碛上具有多种水源、常年流水不断的溪沟，黏性结构性泥石流居多。	数年或多年暴发，中小型规模较多，大型的也有，每遇暴发造成比较严重的危害，断道堵车一般达数日至十数日之久。
IV	喜马拉雅山南坡高山区	亚东县境春丕、仁庆岗、比吾堂等地。	雨季结束前后由孟加拉湾风暴侵袭造成稀性泥石流或黏性结构泥石流。	很少暴发，但偶尔暴发时规模都相当大。属于危害严重的大型泥石流。

（资料来自《西藏泥石流与环境》）

（2）冰川型泥石流

西藏冰川广为分布,冰川面积约 2.74 万 km^2,藏东南地区是我国海洋型冰川的主要分布区,也是我国冰川型泥石流的主要集中分布区,然乌至林芝路段冰川型泥石流分布则更为密集,闻名世界的卡贡弄巴（古乡）泥石流、排龙泥石流、冬茹弄巴等冰川型泥石流沟均分布在该区域内,川藏公路、青藏公路、中尼公路也是冰川型泥石流的主要分布地段。由于本区受印度洋孟加拉湾暖湿气流的直接影响很大,该区降水量丰沛,气温亦较高,冰川积累消融强,运动速度大,在有利的地质地貌条件下,大量的冰雪融水与陡峻不稳定的松散固体物质遭遇形成冰川（积雪）融水泥石流,这类泥石流规模大、搬运力和破坏力极强,治理难度亦大。

（3）混合型泥石流

混合型泥石流主要分布在八宿县以西、米拉山以东以及吉隆、亚东、聂拉木县等地,水动力来自中低山区的暴雨径流和高山区的冰雪消融洪水,灾害规模随流域面积的增大而加大,在高温加暴雨条件下极易暴发此类泥石流,规模多为特大型。

（4）冰湖溃决型泥石流

冰湖溃决型泥石流是由于现代冰川的强烈活动,导致冰川末端的冰碛湖出口的堤坝突然溃决产生大量的洪水,冲刷、搬运沟床及谷坡松散固体物质,而逐渐形成的泥石流,这类泥石流主要分布在西藏境内有现代冰川和冰湖的广大地区。其中,年楚河流域冰湖分布较广,该流域地处喜马拉雅山北坡,满拉水利枢纽位于年楚河中上游,控制流域内分布有众多的冰川终碛湖。文献[42]分析其中的白湖为危险冰湖,具有溃决的可能。为进行白湖溃决洪水的估算,解决计算模型的有关参数,对白湖、桑旺湖、黄湖的水文气象特性和地理、地貌特征等进行实地考察,并取得了有价值的资料。

冰湖多分布在沟源,不仅海拔高,而且交通极为困难,很难收集到溃决前后的有关资料,况且造成冰湖溃决的影响因素又十分复杂,因此很难做出准确的预测预报,暴发时间和地点具有相当的偶然性,是一种非常难于控制的灾害。

（5）滑坡灾害

西藏滑坡灾害主要分布在横断山及藏东南的高山狭谷区,以通麦至东久地段分布最为集中,另外,昌都镇和樟木镇也存在严重的滑坡灾害。滑坡灾害给城镇建设和公路建设造成的危害亦是很大的[43-45]。西藏目前已发现各种滑坡 151 处,古滑坡及潜伏性滑坡分布广泛,这些滑坡绝大多数为牵引式滑坡,大多为降水引发。由于前期降水使地下水富集而排泄不畅,引起地下水压力增大,土体抗滑能力减弱,极易造成山体崩塌滑坡。

（6）溪河洪水灾害

溪河洪水灾害往往是由局部短历时强降水或地形雨形成的。西藏的溪河洪水主要发生在小流域,发生频繁且分布极为广泛。从降雨到山洪形成一般只需几个小时,有时甚至仅半个小时就可成灾,往往防不胜防。由于降水强度大,加上特定的地质、地貌（坡陡谷深）等下垫面条件,产流快、汇流急,导致溪河(沟谷)洪水来势凶猛,极易突发成灾。

通过对西藏历年山洪灾害的发生规律加以分析,发现溪河洪水的发生存在明显的区域性特征,即多发生在藏东南及喜马拉雅山南坡降雨高值区。藏东"三江"流域及藏中"一江三河"流域是局部短历时强降水(或地形雨)频繁发生的区域,是西藏经济、人口最为集中,基础设施最为密集的区域,虽然不是降雨高值区,但受局部短时强降水或地形雨的影响,每年造成的灾害损失多集中在此区域,且呈逐年增加趋势。据不完全统计,1992 年洪水灾害损失为 0.67 亿元;1993 年洪水灾害损失为 0.67 亿元;1996 年洪水灾害损失为 0.48 亿元;1997 年洪水灾害损失为 0.76 亿元;1998 年洪水灾害损失为 3.80 亿元;2000 年洪水灾害损失为 4.95 亿元。

3 山洪灾害成因

3.1 山洪灾害形成条件

山洪是一种地面径流水文现象,同水文学相邻的地质学、地貌学、气候学、土壤学及植物学等都有密切的关系。山洪形成中最主要的和最活跃的因素仍是水文因素。山洪灾害的形成条件可以分为自然条件和人为因素,其中自然条件又主要涉及降雨条件和流域的下垫面条件。

一般而言,山洪灾害形成的基本条件包括:一是具备充沛的各类致灾水源,如持续降水或暴雨强度达到临界值、冰雪融水量大、冰湖溃决洪水、水库(塘)溃决洪水等;二是具备致洪的地形地势条件、有利的流域形态和沟床纵坡;三是具备致洪物质条件,包括地质、土壤、植被等条件,丰富的松散固体物质,也包括对河道行洪造成滞洪影响的桥梁、涵洞等人工设施。进入 20 世纪 90 年代以来,许多江河出现了"小水大灾"的现象,致使同频率洪水条件下洪灾加剧,给江河治理带来了难以克服的困难。种种证据表明,近年来的"小水大灾"与江河泥沙冲淤有着密切的关系,撇开泥沙运动来研究洪水灾害防治不易找到治本之策。文献[46]认为,开展江河泥沙灾害形成机理及其防治研究已经十分迫切,并介绍了该项研究的背景、国内外研究现状,简要展望了主要预期研究成果。

文献[36]分析了主要由冰滑坡和冰崩入湖导致的冰湖溃决的机理和条件,进而从气候条件、水文条件、终碛堤、冰湖规模、冰滑坡、沟床特征和固体物质补给等方面分析了冰湖溃决泥石流的形成条件和特点。

西藏自治区是我国沙化最严重的地区之一。2004 年调查结果表明,西藏沙化面积为216842.7km²,其中重度以上的沙化面积占总沙化面积的 91.53%;沙化类型以戈壁占绝对优势;草地、未利用地是主要的沙化土地利用类型[47]。全区沙化总体上呈恶化趋势,沙化土地面积增加,沙化程度加剧,但拉萨、山南等地沙化土地有所减少。文献[48]通过调查研究,对区内洪水、风沙、山地灾害等主要灾种的危害、形成原因进行了论述。西藏土地沙化变化是受自然因素与人为因素共同作用的结果。西藏高原生态环境脆弱,由于人类活动的干扰,局部地段生态环境已遭到破坏,并演变为环境灾害。

3.1.1 充沛的致灾水源

西藏山洪灾害赖以形成的主要水源一是降雨（短历时强降水）；二是冰雪融水；三是冰湖溃决洪水，包括水库（塘）突发溃决性洪水；四是冰雪消融与降雨混合型洪水等。它们都是发生山洪灾害的动力条件。

山洪的形成必须有快速、强烈的水源供给，而暴雨是山洪的主要水源。中国是一个多暴雨的国家，在暖热季节，大部分地区都有暴雨出现。所谓暴雨，是指降雨急骤而且量大的降雨。强烈的暴雨侵袭，往往造成不同程度的山洪灾害。一般说来，有的降雨虽然强度大（如 1 分钟降雨量达十几毫米），但总量不大，这类降雨有时并不能造成明显灾害；有的降雨虽然强度小些，但持续时间长，也可能造成灾害。所以定义"暴雨"时，不仅要考虑降雨强度，还要考虑降雨时间，一般是以 3 小时、6 小时、12 小时和 24 小时来划定。此外，由于各地区的降雨强度、出现频率及其对生产生活的影响程度不同，所以对暴雨的规定尚有各地的标准。

3.1.2 致洪地形地势条件

西藏山洪灾害（泥石流灾害）多发生在流域面积小于 $30km^2$ 的沟谷（通常约定，流域面积小于 $200km^2$ 的属于山洪沟，介于 $200\sim3000km^2$ 的河流属于中小河流，大于 $3000km^2$ 的河流属于大江大河），藏东地区"三江流域"和"一江两河流域"内高山峡谷、沟谷比降大，一旦发生暴雨，由于汇流时间短，流速快，冲刷破坏力大，灾害发生快，产生的危害程度也大。

对于一个固定的流域来讲，其流域形状、面积、地形特征是不变的，是其流域最基本的特征，也是会否发生山洪灾害的最主要的决定性因素。一是流域的长度决定了地面径流汇流的时间，狭长地形较宽短地形的汇流时间长且平缓。扇形流域最有利于水流的汇集，树枝状水系次之，平行水系最不利于山洪形成。大流域的径流变化较小流域的要平缓得多，这是由于大流域面积较大，各种影响因素有机会相互平衡、相互作用，从而增大了流域的径流调节能力，而使径流变化趋于相对稳定。二是流域的地形特征包括流域的平均高程、坡度、切割程度等，都直接决定了径流的汇流条件。地势越陡，坡地漫流和河槽汇流时的流速越大，汇流时间越短，径流过程则越迅疾，洪峰流量越大。因此，青藏高原山洪的变化远比平原河流剧烈。

3.1.3 致洪物质条件

致洪物质条件，包括自然条件和人类活动的影响。西藏地质环境的各要素如地质构造、地层岩性、自然地质现象等以不同方式提供松散碎屑物质，植被覆盖率较低，一旦有充沛的水源提供动力条件，各类型的山洪灾害即可发生（泥石流、滑坡灾害）。近年来暴发的一些山洪灾害与河道内修建的一些桥梁、涵洞等人工设施关系十分密切，这些跨河建筑物对河道行洪造成比较严重的滞洪影响，可以通过提高设计防洪标准来解决问题。这就包括了植被、土壤及地质结构和人类活动三个方面的影响因素。

一是植物枝叶对降水有截留,同时增加了地面的粗糙程度,减缓了坡地漫流的速度,增加了水分下渗的时间和总量,从而延长地表径流汇流时间。落叶枯枝和杂草也可改变土壤结构,减少土壤蒸发。

二是流域内的土壤及地质结构。土壤的物理性质、含水量,岩层的分布、走向,透水岩层的厚薄、储水条件等都明显影响着流域的下渗水量、地下水对河流的补给量、流域地表的冲刷等,因此在一定程度上也影响着径流和泥沙情势。例如,一般来说,土壤(或坡残积层)厚度越大,越有利于雨水的渗透和蓄积,进而减缓地表径流汇流,减少地表径流总量。

三是人类活动造成的致灾物质。山洪就其自然属性来讲,是山区水文气象条件和地质地貌因素共同作用的结果,是客观存在的一种自然现象。由于人类生存的需要和随着经济建设的发展,人类的经济活动越来越多地向山区拓展,对自然环境影响越来越大,增加了形成山洪的松散固体物质,减弱了流域的水文效益,从而有助于山洪的形成,增大了山洪的洪峰流量,使山洪的活动性增强,规模增大,危害加重。同时,不当的山区开发则可能破坏山区生态平衡,促进山洪的暴发。例如,森林的不合理采伐导致山坡荒芜,山体裸露,加剧水土流失;烧山开荒,陡坡耕种同样使植被遭到破坏而导致环境恶化。缺乏森林植被的地区在暴雨作用下极易形成山洪。山区修路、建厂、采矿等工程建设项目弃碴,将松散固体物质堆积于坡面和沟道中,在缺乏防护措施情况下,一遇到暴雨不仅促进山洪的形成,而且会导致山洪规模的增大。陡坡垦殖扩大耕地面积,破坏山坡植被;改沟造田侵占沟道,压缩过流断面,致使排洪不畅,增大山洪规模和扩大危害范围。山区土建工程设计施工中,忽视环境保护及山坡的稳定性,造成山坡失稳,引起滑坡与崩塌;施工弃土不当,堵塞排洪沟道,降低排洪能力。

3.1.4　冰湖及其突发性溃决洪水

如前所述,山洪灾害形成的基本条件包括具备充沛的各类致灾水源、致洪的地形地势条件和致洪物质条件三个方面。其中冰湖溃决洪水作为充沛的致灾水源的一种,其本身既是典型的突发性洪水灾害,同时又是诱发次生山洪灾害链的动力因子。本节专门进行表述。

(1)冰湖

由冰川作用形成的湖泊或以冰川融水为主要补给来源的湖泊称之为冰湖。它是冰冻圈特有的现象,具有双面性。一方面,冰湖是一种宝贵的水资源,是人们灌溉、发电的重要水源,对人们的生产和生活有着重要意义;另一方面,冰湖又是许多冰川灾害的发源地,不少冰湖受形成条件和自然环境的影响,易溃决成灾,对人们的生产和生活构成严重的威胁,成为一大安全隐患。

喜马拉雅山地区位于东亚地区青藏高原的南部,其高亢的地势提供了冰川发育的有利基础。由于海拔高、气温低、降雪量大,冰川十分容易发育,因此冰湖分布十分广泛,根据从美国陆地卫星(LandSat TM、ETM)与中巴卫星(CBERS)遥感影像图解译统计,截至2006

年,全区面积在 0.014km² 以上的各类冰湖有 1680 多个。青藏高原是我国主要的湖泊分布区,同时又是我国冰湖溃决的主要发生区,特别是在"海洋性冰川与大陆性冰川的过渡地带"上(李吉均,1977),更是冰碛湖溃决灾害多发的地带。该过渡带东起措美县、洛扎县、亚东县,沿喜马拉雅山主脊稍偏北,往西抵达吉隆县、仲巴县之间,横跨整个藏南区域。

(2)冰湖溃决

冰湖溃决洪水是指在冰川作用区,由于冰湖突然溃决而引发溃决洪水或泥石流,危害了人民生命和财产安全并对自然和社会生态环境产生破坏性后果的自然灾害。从全球范围来看,它有其特定的地域性,是冰川发育(跃进)区最为常见的山地灾害之一;从灾害属性来看,它是我国西藏等高原地区较为常见的一种地质灾害。在全球气候变暖,气温升高,高海拔地区尤其是热带高海拔地区气温升高趋势更为明显的背景下,冰川普遍退缩,冰川灾害事件增多,冰湖溃决灾害更是在世界各地发生。全球范围内,欧洲的阿尔卑斯山、南美洲的安第斯山、亚洲的喜马拉雅山和北美等地区的冰川区是冰湖溃决灾害的多发区。南美洲的安第斯山地区所发生的有记录的 30 次冰川灾害中,冰湖溃决灾害 21 次,占冰川灾害总数的 70%;其中秘鲁的科胡普湖 1941 年发生溃决,造成 6000 多人丧生。在喜马拉雅山地区(包括印度、尼泊尔、不丹),自 20 世纪 30 年代以来,有记录的冰湖溃决灾害呈增加趋势,到 2002 年,累计发生的溃决灾害超过 33 次,都形成了规模巨大的洪水灾害,其中喜马拉雅山地区的冰湖溃决大多波及南部邻国境内。

在所有的冰湖溃决灾害中,以冰碛湖溃决洪水规模为最大,其影响范围也较其他类型的冰湖灾害广。在相似规模的冰湖中,冰碛湖的溃决洪峰较冰川湖的洪峰要大 2～10 倍,迄今为止,我国境内发生的冰湖溃决都是冰碛湖,因此冰碛湖溃决灾害研究备受关注。

冰湖溃决的发生,追根到底就是冰湖区地形地貌条件和气候背景两者的综合作用的产物。气候背景的改变将引起冰湖后缘的冰川前进、后退或其冰雪消融,而冰川的这些变化既是冰湖溃决重要的外力作用,又是冰湖溃决主要诱发因素之一;除了气候背景的变化之外,冰湖区的地形地貌条件也制约着冰湖溃决灾害的形成,以及溃决后形成洪水的强度和影响范围。因此,在进行冰湖溃决灾害研究时,应该首先考虑冰湖周围的气候背景、地形地貌条件及其区域环境等众多因素,从母冰川、冰湖本身和湖盆等方面进行综合考虑。

(3)冰湖溃决灾害

在全球气候变暖的大背景下,多数冰川呈加速消融及退缩的态势,导致了冰湖溃决洪水和冰川泥石流等重大冰川灾害发生频率的加剧和影响程度的加大。据记载,西藏境内 20 世纪共发生冰湖溃决 18 次之多,冰湖溃决型洪水(泥石流)主要分布在西藏境内有现代冰川和冰湖的广大地区。根据初步分析,1954 年 7 月 16 日,年楚河流域康马县桑旺错发生冰湖溃决,属于一次历史罕见的特大型冰湖溃决洪水,造成的灾害极为严重,当时位于江孜县东南的涅如藏布源头达赤雪山(现属康马县)由于气温升高,大量冰雪突然在夜晚塌于桑旺湖中,造成湖水猛涨,冲垮冰湖西北角的出水口,形成约200m深、100m宽的缺口,近3.0亿m^3的湖水直泄年楚河,并沿江奔腾而下,江孜县城大桥处洪峰流量高达10000m^3/s,致使2万多人受灾,死亡人数约400人,淹没农田5733公顷,毁坏农田约866.7公顷,造成年楚河流域严重灾害。

1981年7月11日0时30分,日喀则地区聂拉木县阿玛次仁冰川陡峭的冰舌段突然崩塌,约700万m^3冰体涌入次仁玛错冰湖中,造成次仁玛错湖水漫溢。据推算,洪流最大流量为15920m^3/s,龙头高达25m,洪峰过程约60分钟,溃决水体总量1900万m^3。友谊桥以下至逊科西水电站之间32.4km地段上,平均流速达9.8m/s。中尼两国交界处的友谊桥(1孔30m钢筋混凝土拱桥,净高10m以上)及两岸建筑物全毁,包括友谊亭、邮件交换房、守桥部队营房及岗楼,并冲毁中尼国家公路,洪流进入尼泊尔,死亡200余人,酿成严重灾害。

1988年7月15日23时30分,米堆冰湖发生溃决。短短10分钟内,洪流沿着米堆沟而下,卷走了米堆村,波及94km以外的波密县城,冲毁下游的318国道约40km,导致国道断道长达一年多。

2000年4月9日,波密县易贡扎木弄巴发生巨型滑坡,堵塞了易贡藏布河。同年6月11日堰塞坝溃堤,水位涨幅达55.36m,最大洪峰流量达1.24×$10^5$$m^3/s$,冲毁下游帕隆藏布和雅鲁藏布江沿岸40多年来陆续建成的桥梁、道路、通信设施,造成重大损失。2002年9月18日13时左右,山南地区洛扎县贡祖沟上游查拉推日(打拉日)雪山发生雪崩,致使德嘎普湖水暴涨,湖堤决口,引发特大洪水和泥石流灾害。

2013年7月5日,西藏自治区嘉黎县忠玉乡发生"7·5"冰湖溃决洪水灾害事件,导致人员失踪,房屋被毁,桥梁、道路等基础设施遭到严重破坏,直接经济损失高达2.7亿元。基于不同时间段地形图和遥感影像资料,利用地理信息技术,发现导致"7·5"洪灾的溃决冰湖为然则日阿错。该冰湖溃决的直接诱因可能是雪崩和冰崩的共同作用,溃决前的强降水过程及气温的快速上升是其间接原因,而冰湖长期稳定的扩张导致水量聚集是其溃决并造成巨大灾害的基础。

西藏东南部山高谷深,冰川发育,冰碛等松散堆积物厚度大,经常发生大型或特大型泥石流堵断主河,形成堵塞坝。文献[39]针对西藏东南部4条典型泥石流沟所发生的7次大型或特大型泥石流中5次形成堵塞坝,来剖析泥石流堵塞坝形成的机理和主要因素,提出由冰雪崩、冰湖溃决或大规模滑坡活动所激发的首阵或前几阵大流量、高速度、多巨砾并与主河正交的黏性泥石流最容易形成堵塞坝。冰滑坡入湖所致冰碛湖溃决洪水与泥石流是西藏冰川区突发的严重山地灾害[49]。

冰湖溃决引发的洪水或泥石流对研究区的开发和建设危害很大,对公路、电力、水利设施、矿山以及县城、乡(镇)、村居民点等的危害更为突出,严重制约了本区经济社会的发展,威胁着冰湖下游地区人民群众生命财产安全。同时随着国家西部大开发战略的实施、各项基础设施建设的逐步完善,冰湖的危害越来越引起人们的关注。

20 世纪 80 年代,我国开始对冰碛湖溃决泥石流灾害进行调查与总结,进而从冰川、冰湖、终碛堤的规模和形态来对冰湖溃决的危险性进行评判并估算溃决洪水。1988 年米堆沟溃决泥石流发生后,对灾情、成因及溃决洪水进行了专题调研。国外少见高山冰碛湖溃决,仅有用积温预报的报道,较多的是对高纬区冰坝湖溃决的研究。此外,国内外对与冰碛湖溃决具有类似水力学机理的滑坡坝、水库土坝的溃决,着重于分析溃决成因和建立、改进溃决洪水及其演进的计算模式,个别涉及对溢流型溃决过程的实验或计算。

西藏大部分县城和人口相对集中的城乡居民点均集中建在溪河旁或冲积扇地带,每年汛期都不同程度地受到山洪威胁。对于一些潜在的山洪灾害的危险点和隐患点不能及时发现,从而造成山洪灾害。

一般来讲,西藏山洪成因复杂。南亚季风是形成溪河洪水灾害的主要原因,冰川变化累积造成冰崩或冰川泥石流是形成山体滑坡泥石流和冰湖溃决的主要因素。这些影响因素作用的强弱,取决于全球气候变化在青藏高原陆面温度变化和孟加拉湾洋面水温变化,这些变化直接影响到南亚季风强度变化和高原面冰川变化,进而表现为小流域降水强度变化,或流域源头冰川消融裂变、崩塌。因此,研究西藏山洪成因更多地需要监测分析南亚季风活动和境内冰川变化。

大量的山洪灾害调查研究资料表明,山洪灾害形成条件是错综复杂的,它的发生和发展受到所在地区的一系列自然环境条件如气象因素、地形条件、地质构造、地层岩性以及当地的植被覆盖率、沟谷比降等的制约和影响,人为不合理活动因素如开挖边坡、跨河建设、砍伐森林等也会促使山洪灾害的发生或加剧山洪灾害发展。

3.2 山洪灾害形成机理

山洪往往发生于山区流域内突发降雨过程或前期持续降水过程,山洪的形成与局地降雨、地形条件密切相关,因此具有很强的区域性。强烈暴雨在短期聚集大量水体,常常形成异常高的洪峰流量,从降雨到山洪灾害的形成往往只有几个小时,甚至 1 个小时之内。山区流域沟谷比降一般较大,因此,山洪流速快、冲击力大,且往往诱发滑坡、泥石流等灾害。

水文学描述洪水的基本特征为"洪水三要素":洪峰流量、洪水总量以及洪水流量过程线。洪水过程线也可更直观地简化为峰现时间和洪水历时,因此山洪的基本特征也可概括为"洪水四要素":洪峰流量、洪水总量、峰现时间和洪水历时。山丘区小流域坡面坡度和河道比降都较大,河床较窄,行洪区小,调蓄能力低,使得山洪具有洪水流量过程线尖瘦、陡涨陡落、洪水历时短、流域滞时短的特点。

山洪的形成过程即山丘区小流域的暴雨—径流过程,是一个相当复杂的过程,为了便于分析,一般把它概括成产流过程和汇流过程两个阶段。

通常情况下,山洪泥石流作为流域水循环过程的一个环节或组成部分,是一种自然现象,是常态水循环过程中的一种突变或异常表象,是非常态水循环过程在水文下垫面动力作用的表象。山洪灾害的表象在暴雨,问题在流域,流域内自然或人工行洪障碍物使得本来在时间、空间上分布相对较均匀的坡面汇流过程和河川汇流过程突然变得集中或不畅,从而缩短了自然汇流的时间和空间,在其下游形成突发性山洪,进而导致山洪灾害。

从陆面水循环过程分析山洪灾害形成特征,可以比较形象地将山洪灾害概括为三大类,一类是痢疾型山洪,一类是肠梗阻型山洪,一类是脑溢血型山洪。

第一类痢疾型山洪,是由暴雨导致的坡面汇流和河川汇流过程相对畅通的快速水流集聚过程,这类山洪属于可预测预防的弱突发性山洪。

第二类肠梗阻型山洪,是由暴雨、冰川等提供足够水源从源头区开始的逐级梯次堰塞冲刷侵蚀复合过程,这个过程改变了坡面汇流和河槽汇流的自然过程,而不断形成能量梯级高度集聚的过程,势能累积,动能集聚,能量爆发。这类山洪属于不可预测预防的高强度突发性山洪。

在坡面产流和河道汇流的过程中,山洪灾害的形成和能量递增是逐级梯次堰塞冲刷侵蚀复合过程。这个递增演变的过程中,汇流过程、河岸侵蚀过程、山体崩塌滑坡过程、多相混合流体动力冲刷过程等交错、融合、伴生、相互作用并共同产生影响。从源头水量小、侵蚀能力弱、冲刷作用小的单一水流的河道汇流运动,到中上游大流量、强侵蚀、持续滑坡崩塌并伴随着接连堆积堰塞溃决、冲刷,更大流量、更强侵蚀、持续滑坡崩塌并伴随着接连堆积堰塞溃决,再到下游河道淤积、水面漫溢、淹没、冲毁等过程,如图 3-1 所示。

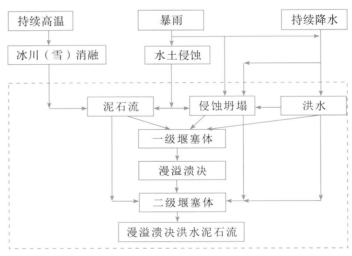

图 3-1　逐级梯次堰塞冲刷侵蚀复合山洪过程概念图

第三类脑溢血型山洪,是常态水循环过程中一种瞬时突变或极端异常现象,是由于关键物体裂变造成的复合山洪过程。这里所指的裂变的关键物体泛指冰川、水库、堤防等。从其性质来讲,分为自然过程和人类影响过程两类,如图 3-2 所示。

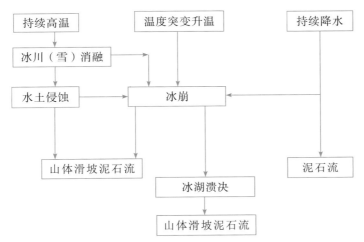

图 3-2　冰湖溃决型复合山洪过程概念图

一是自然过程形成的山洪或山洪灾害。由于气温、降水和冰川本身在一定时期内的累计效应,导致冰川裂变、失稳、崩塌。到此为止,我们只是找到了形成这类山洪的动力因子即冰崩。接下来发生的过程,根据其下游地质地形地貌条件会有至少两种情况。一种是冰川以下没有冰湖等蓄水体存在,一旦冰崩发生后最易诱发山体崩塌、滑坡、泥石流等山洪;另一种是冰川以下有冰湖存在的下垫面条件下,最大可能就是冰崩滑落的巨大型冰块以其巨大冲击力冲入冰湖,使得湖面不断产生巨型涌浪并不断冲刷、侵蚀、冲毁原有冰湖冰碛物堆积体,造成冰湖溃决。巨大势能、强大动能、高强度冲刷侵蚀能量,对下游形成非常规山洪灾害。这类山洪属于很难预测预防的极高强度突发性山洪。但是如果有足够地震监测仪器监测并预警冰崩振动信号,同时,气象、水文、地质等专业部门能够监测并预警冰湖溃决信息,或者乡村基层群测群防监测和广播预警系统建成并正常运行,这类灾害是能够避免的。

二是由人类活动影响形成的山洪灾害。水库、塘库蓄积着一定体量的水,河道堤防控制着奔腾不息的水流。从孕灾条件来看,非常洪水时期水库大坝拦着的不是一群豺狼就是一群老虎,一旦水库、堤防大坝垮塌,溃决洪水将下游淹没冲毁,损失是巨大的。对下游来说,这类预报难度大但可预警的极高强度灾难性山洪灾害,无论从理论到实践,还是从现代技术到管理,还是从政策到法治等各方面来分析,总是可以建立机制来避免的。第一,水库、塘库、堤防通过加强和完善工程运行管理,保障运行安全;第二,建立健全监测预警体系,并确保设施完备、通信畅通,完善预警责任体系,实现超常规突发山洪灾害的防治;第三,山洪灾害影响区承灾体所处上下游、左右岸建立和完善应急管理体系,提升应急救援能力,完善应急预案体系和强化应急演练,提高防灾避险、自救互救能力,最大限度减轻灾害损失。

判断以上各种类型的山洪灾害时,首先要判断水是从哪里来的,是"天上"来的水还是"地上"来的,再分析水是怎么流的,是有"拐点的"还是"线性的",还是"坡面的"。本书仅作以上阐述来抛砖引玉。

3.2.1 产流过程和理论

流域产流过程又称为流域蓄渗过程,产流过程中的损失量又称为流域蓄渗量,降雨在这一阶段进行了一次再分配。山洪的产流过程又包括林冠截留过程、土壤下渗过程和坡面产流过程。经过百余年的研究,在各个过程都有了深入的理论认识和计算方法。

(1)林冠截留

国内外学者根据影响林冠截留的各种因子和林冠截留量的关系建立了许多经验、半经验和理论模型。Horton 于 1919 年建立了截留总损失与植被蓄水能力和蒸发能力之间的关系,Linsley 等假定截留损失与降雨的关系接近于指数关系,建立了计算的经验公式,可用叶面积指数方法来估算截留损失。Gash 模型(1979)在 Rutter 微气象理论模型基础上保留了经验模型的简单性,以 Rutter 模型为基础,建立了基于物理推理方法的林冠截留解析模型。

(2)下渗产流过程

下渗是降雨径流形成过程的重要环节,直接决定地表径流、壤中流和地下径流的生成和大小,并影响土壤水和地下水的动态过程。下渗水量是降雨径流损失的主要组成部分,下渗过程及其变化规律研究在降雨形成径流过程、径流预报研究和水文水资源分析计算中起着重要作用,但下渗是水循环中最难定量的要素之一。当降雨强度超过土壤的下渗强度时形成超渗产流,这种产流机理首先由霍顿提出。与此相反,当土层湿度达到饱和后才产生的地表径流称为蓄满产流,这种产流机理首先由赵人俊提出,随后学者们对此进行了广泛研究。Hursh 和 Fletcher 首次发现壤中流也是洪峰的组成部分,并进一步被 Hewlett 和 Hibbert、Whipkey 进行了验证。1964 年 Betson 提出了"局部产流区"概念,解释了局部产流现象。Hewlett 和 Hibbert 提出了"可变产流面积"的 VSA 概念(variable source areas),Freeze 又细化 VSA 为三部分:蓄满产流部分、壤中流部分和局部产流部分。然而,究竟是一种机制还是多种机制起作用,取决于流域的水文特性。

应用土壤水分运动的一般原理来研究下渗规律及其影响因素的理论称为下渗理论。下渗过程中,水分运移的孔隙有非饱和饱和之分,相应地就有非饱和下渗理论和饱和下渗理论。常用的理论有达西定律、Green-Ampt 公式、Richards 方程等,常用的下渗经验公式有 Kostiakov 公式、Horton 公式、Holtan 公式、LCM 公式等[50-52]。

3.2.2 汇流过程和理论

汇流过程可分为坡面汇流过程和河道汇流过程。

一般常用运动波方程来描述坡面流,运动波模型是圣维南方程组最简化的方式。Lighthill、Whitham 和 Richards 首次提出了运动波模型,常用来描述坡面汇流问题。利用圣维南方程的无量纲形式、Woolhiser 和 Liggett 获得的运动波数 K 为标准来评价运动波近似程度。对于 K 大于 20,运动波近似被认为是对圣维南方程坡面流模型的精确表示。运动波已被证明是坡面流的一个精确近似。人们普遍认为,运动波方程是高度非线性的,不具有全局性的解析解。一般使用圣维南方程组及其变换形式来描述河道汇流过程,在 1954 年 Stoker 和 Troesch 第一次使用完整的圣维南方程模拟俄亥俄河的洪水,从此人们对动力波模型进行了大量深入研究,动力波模型开始大量用于洪水演算,如 Baltzer 和 Lai,Garrison 等,Amein 和 Fang,Johnson,Schaffranek 等,Fread 等。目前动力波模型已被集成到许多系统模型中用于河网水动力模拟[46,53-55]。

文献[56]重点阐述了各种成因类型的泥石流,其中包括了冰湖溃决泥石流的诱发因素分析,并根据统计调查和综合分析,对冰湖溃决这一典型的灾害,从气候因素提出了"水枕机制"和"应力释放"两种成因理论,对冰湖溃决地质灾害成因机制进行了全面总结和有益的探索。

4 山洪灾害风险性评估

4.1 基本原理

山洪灾害常给人类社会造成巨大的灾难,为了减轻山洪灾害造成的损失,人类开展的工程和非工程减灾措施一般都涉及巨额的资金投入或影响广泛的社会系统调整。显然,盲目减灾行动可能导致更加严重的后果。只有对山洪灾害的孕育、发生、发展、可能造成的影响有科学的认识,才能避免行动的盲目性。

对尚未发生的山洪灾害进行各种可能性分析,称为山洪灾害风险分析。随着防灾减灾意识的逐渐普及和对灾害管理、减灾效果的日益重视,山洪灾害研究中重要而基础的风险分析研究显得十分重要而迫切。山洪灾害风险分析对风险区土地的合理投资与利用、山洪灾害的预防与治理、减灾规划与措施的制定以及灾害保险制度的合理化、保险费率的厘定等具有重要意义。

风险分析就是寻找一个科学的途径估计某个概率分布。一般的风险评估是使用现有方法计算和评估风险程度。风险管理主要指降低、观察、控制风险的人类行为。风险的本质由所有风险特性来决定[15,59-62]。

风险分析的目的是要描述或掌握一个系统的某些状态,以便进行风险管理,减小或控制风险。因此,对于风险分析而言,必须能显示状态、时间、输入等因素之间的关系。事实上,一个风险系统可以用一些状态方程来研究,概率方法是研究工作的一种简化,但最好的途径是使用模糊关系来表达。

风险具有如下 3 个性质:

①非利性:风险对于个人或团体意味着会有不利后果。

②不确定性:不利后果的发生在时间、空间或强度上有不确定性。

③复杂性:十分复杂,难以用状态方程或概率分布来精确表达。

风险是一种复杂现象。当复杂性被忽略时,风险概念可以退化成概率风险,也就能找到服从于某种统计规律的概率分布,可以适当地描述风险现象。如果再忽略风险的不确定性,风险概念就退化成不利事件概念,如损失、破坏等更具体的概念。

山洪灾害既不能忽略复杂性,也不能忽略不确定性。

正视山洪灾害系统本身所固有的复杂性和不确定性,要从最基本的元素着手分析,着重从以下 3 个方面进行山洪灾害的风险性评估。

(1)过去和现在是风险评估的关键

山洪灾害的发生很大程度上依赖于过去和现在演化而形成的地质、地形、水文、气象等条件。根据过去和现在来分析评估未来可能发生山洪灾害的过程和规模,但并不表明过去和现在稳定,未来该地就不会发生山洪灾害过程。人类活动改变地质和水文等条件导致灾害发生的可能在大大提高。

(2)山洪灾害的成因

山洪灾害是指由降雨引发的山洪、滑坡、泥石流灾害,其发生的基本成因已相当程度被认识。一些是暴雨、斜坡结构面、岩土体脆弱等内因,一些是地下水位变动、暴雨冲刷、人类活动等外因。在一定区域,多数成因机制已被认识且其作用过程被记录,亦可通过定点观测研究,预测更大区域山洪灾害形成的敏感性。

(3)危险性和风险程度

在弄清了山洪灾害的成因和过程后,就可能评价或评估其相对程度并对其进行定量、半定量计算。泥石流的暴发主要受沟道坡度、植被覆盖度、土地利用和降水等环境因素影响,在分析泥石流形成发育影响因素的基础上,构建泥石流暴发危险性评价数据库、知识库和危险性评价数字环境模型。在 ARC INFOGIS 的支持下,提取坡度、植被盖度和降雨量等主要泥石流危险性评价指标。文献[48]依据知识库对各类因子进行了分级和赋权,对研究区泥石流爆发危险性进行了区划。通过山洪灾害实例分析,建立其潜在危险性和风险度的评估模型。基础数据处理可以很简单且可靠、客观评估,但要精确地进行区域性山洪灾害风险评估与制图是很困难的,对于许多特定复杂的地区,可能很少进行详细制图和监测山洪灾害发生的时间和位置。

4.2 风险评估层次

山洪灾害风险性评估的程序框架可分为 4 个层次进行,各层次利用地理信息系统(GIS)、遥感(RS)和全球定位系统(GPS)进行数据采集、存储、管理、分析和建库。

(1)基础信息分析

主要指对与山洪灾害的形成直接或间接有关的环境信息的分析,目的是分析山洪灾害形成条件和影响发育演化的重要因子,并建立山洪灾害风险评估与制图所需的孕灾环境、致灾因子和承灾体三方面的数据。孕灾环境主要有地形图、地质图、土地利用图、岩土体类型图的收集和处理;致灾因子信息主要是降雨等有关图件和数据;承灾体数据主要包括评价区的居民点、各类建筑物、耕地等分布状况及财产价值等级评估的数据。

（2）危险体评价

危险体指山洪灾害体（溪河洪水、滑坡、泥石流），其评价是根据山洪灾害发育的历史资料，利用 RS 和 GPS 技术开展地面调查，进行山洪灾害识别和空间分别定位，分析山洪灾害的生成条件、类型特征和活动史，并给出山洪灾害的详细几何描述和力学机制、演化规律的解释。山洪灾害危险体评价不包括任何意义上的预测。

（3）危险评价

危险的非预测性或有限的预测性，是通过对某一特殊现象的概率评价来确定的，通过直接评价法（现状法）和间接评价法（成因法）可预测发生山洪灾害的概率和空间位置，以概率形式或其他定量、定性的方式划分不同危险度的地段和区域，在制图上采用不同符号或两者结合的形式表示出山洪灾害的不同敏感度地区。

（4）风险评价

风险指危险与潜在损失的价值。损失包括伤亡、环境效应、经济损失等要素。因此，被确定为山洪灾害危险性大的地区不一定与灾害严重地区相对应或一致，要将山洪灾害危险度评价结果与人类活动背景要素进行组合分析并体现在风险评价图上，从而表示出山洪灾害可能对人民生命财产和环境的危害程度。

4.3 山洪灾害风险区划

4.3.1 降雨区划

4.3.1.1 基本资料

（1）气象、水文和雨量站资料

对区域内水文站、气象站基本情况和降水量观测资料进行分析统计。由于面积较大，水文、雨量观测站点稀少，因此所有不同长短系列的水文、气象资料全部选用。一共收集了不同系列的 20 个水文站、4 个水位站、2 个雨量站、34 个气象站资料。

（2）灾害发生时期的天气形势分析

（3）暴雨资料的收集

1）资料收集

对收集到的 60 个站山洪灾害多发期逐日、逐月降水资料及历年不同时段（包括 24 小时、12 小时、6 小时、3 小时、60 分钟、30 分钟、10 分钟）最大降雨量的特征值及降雨过程进行统计、分析。

2）单站设计暴雨的推求

本次降雨区划收集了 2002 年水利部水文局和南京水文水资源自动化研究所组织编制

完成的最新《不同历时暴雨等值线图、暴雨统计参数等值线图》。在进行单站设计暴雨的推求时,对于资料系列大于和等于 10 年的时段雨量均进行了不同频率设计暴雨的推求。暴雨参数(均值、Cv、Cs)采用目估适线法和准则适线法确定。

3)不同历时暴雨等值线图的绘制

将区域内代表站相应时段相同频率的设计暴雨成果点绘在规划区域的 1:25 万的电子地图上,分别勾绘出 10 分钟、30 分钟、60 分钟、3 小时、6 小时、12 小时、24 小时设计频率 $P=2\%$、$P=5\%$、$P=10\%$、$P=20\%$ 的设计暴雨等值线图。

4.3.1.2 临界雨量的推求

一个流域或区域的临界雨量(强)是指在该流域或区域内,降水量达到或超过某一量级和强度时,该流域或区域发生山溪洪水、泥石流、滑坡等山洪灾害时的降雨量和降雨强度。临界雨量是进行降雨区划时要考虑的一个重要的技术指标,更是山洪灾害预报预警的重要基础。

由于西藏暴雨资料及灾害调查资料十分有限,在进行山溪洪水、滑坡、泥石流 3 种灾害的临界雨量推求时,采用合并方法进行分析计算。考虑到雨量站点稀少,临界雨量分析计算难度大,因此,在计算临界雨量时,首先确定典型区域,在分析计算典型区域内单站临界雨量的基础上,再分析计算出典型区域山洪灾害的临界雨量。对无资料的区域或流域采用类比法进行综合分析后确定该区域或流域的临界雨量。

(1)典型区域的确定

典型区域的确定应考虑以下主要条件:

1)区域内应有一定数量的雨量站点,且分布较均匀;具有较完整、详细的山洪灾害历史发生记录或调查资料;各站点具有时间序列较完整的雨量资料,一定的地质、水文、气象资料。

2)区域内人口密度较大,具有典型山洪灾害地理特征,山洪灾害频繁,受灾情况严重。

3)典型区域可以是一个流域,也可以是一个区域,在划分典型区域边界时,区域内可包含若干条完整的流域面积不超过 $200km^2$ 的小流域,应尽量避免将小流域分割开,区域内的地质和气象条件相差不大。

根据以上原则,结合收集到的资料的实际情况,划分出年楚河和尼洋河两个不同气候类型的典型区域。

(2)典型山洪灾害多发区域临界雨量的推求

典型区案例 1　年楚河流域临界雨量的推求

1. 基本情况

年楚河流域位于西藏自治区的中南部,地处日喀则市、雅鲁藏布江中游的右岸。流域地理位置在北纬 28°08′～29°19′、东经 88°33′～90°11′,流域面积 $11101km^2$,河流总长 217km,

是雅鲁藏布江的一级支流,其主要支流有龙马河、冲巴涌曲、日朗河、哥布西曲、天久河、那如河和孜布拉河。流域上游海拔5000m以上常年积雪,并发育有冰川,冰川覆盖面积约为130km²。涅如藏布与冲巴涌曲的源头均有冰川湖泊分布,涅如藏布源头较大的冰湖为桑旺湖,面积5.7km²;冲巴涌曲源头较大的冰湖为冲巴湖,面积11.16km²。行政区划包括日喀则市的康马、江孜、白朗县的绝大部分和日喀则市的二区四乡。

年楚河流域属典型的高原半干旱气候,具有冬夏干湿分明的季节性特征。水汽主要来自印度洋孟加拉湾的暖湿气流,年雨量在200~400mm,而90%以上的降水又集中在6—9月,雨季降水次数比较频繁,且多为夜雨。流域降水量由下游向上游随海拔的增加而递减。

年楚河流域海拔都在3800m以上,河源至河口处相差1322m(河口附近海拔3830m)。流域内群山连绵,地形起伏,山势由东南向西北倾斜,即东南高,西北低,山地分布面积大,平原分布面积小。流域上游(江孜以上)河谷狭窄,山高坡陡,属峡谷山地,山峰海拔多在5000~5500m,河谷海拔在4000m以上,其中4300m以上的宽阔河谷,高原面貌保存相对完好;流域下游(江孜以下)属低山丘陵、河谷开阔区,山峰海拔多在4500~5000m,河谷海拔在3800~4000m,河谷地宽3~6km,最宽处约10km,宽谷内拥有河漫滩、阶地和洪积扇,是当地城镇乡村聚集、沃土良田广布的地区。

年楚河流域土地肥沃,气候适宜,是日喀则市工、农、牧业最发达的区域,是西藏自治区重要的粮仓,在西藏自治区国民经济发展中具有重要的地位。但年楚河流域较为强烈的新构造运动、较脆弱的地层、较发育的上游冰川以及雨季较丰富的降水,使得这一地区极易形成山洪或泥石流。多年来年楚河流域经常遭受山洪或泥石流的袭击,当地人民的生命财产受到了极大的危害。随着年楚河流域的开发利用,近些年西藏自治区各级政府加大了对该流域山洪灾害的防治,积累了一些较完整、详细的山洪资料。因此,年楚河流域山洪灾害区基本满足典型区条件,且该流域是高原半干旱气候的典型代表区域之一,故选为典型区。

2. 时段雨量统计

经对收集的降水资料进行分析整理,共筛选出山洪灾害过程5次,由于受年楚河流域雨量站点及观测情况的限制,只有日喀则、江孜两站的降水资料符合要求。对于每次山洪灾害过程,在两个雨量站的逐时雨量资料中,查找并统计对应的各时段最大雨量及过程雨量,单站临界雨量只统计在过程期已发生山洪灾害的单站雨量,区域临界雨量则无论是否发生山洪的站点雨量都参与统计。

3. 临界雨量

在单站临界雨量计算时,查找两站7次山洪过程各时段最大值中的最小值,得出的结果即为各站的临界雨量初值;在区域临界雨量计算时,计算5次山洪过程两个站的各时段最大面平均值。依次求出单站临界雨量的平均值、最大值、最小值,供分析用;求出区域5次面平均值的最小值(得出的结果即为区域临界雨量初值)、平均值(供分析用)。

按照用单站临界雨量分析区域临界雨量的方法,在临界雨量初值的基础上,确定单站及区域临界雨量的变幅,这个变幅的取值区间为临界雨量。

由于本区域面积较大且代表站点少,无法勾绘临界雨量等值线,经分析,本区域内各小流域的临界雨量相差应不大,即可用此临界雨量作为区域内各小流域的临界雨量。同时,由于西藏雨量站点少,许多地区根本无站点,经分析,此临界雨量可作为分析西藏半干旱和干旱地区的临界雨量参考值。

有关情况可参阅表4-1、表4-2、表4-3。

表4-1　　　　　　　　　　　　年楚河流域各站山洪(泥石流)临界雨量　　　　　　　　　单位:mm

站名	10分钟 雨量	30分钟 雨量	60分钟 雨量	3小时 雨量	6小时 雨量	12小时 雨量	24小时 雨量	过程雨量
江孜	1.3	3.6	5.5	6.9	8.9	10.8	21.0	38.9
日喀则	2.2	2.9	5.7	8.9	11.6	14.1	14.8	14.8
最大值	2.2	3.6	5.7	8.9	11.6	14.1	21.0	38.9
最小值	1.3	2.9	5.5	6.9	8.9	10.8	14.8	14.8
平均值	1.8	3.3	5.6	7.9	10.3	12.5	17.9	26.9

表4-2　　　　　　　　　　　　年楚河流域山洪(泥石流)面均临界雨量　　　　　　　　　单位:mm

过程发生日期	10分钟 雨量	30分钟 雨量	60分钟 雨量	3小时 雨量	6小时 雨量	12小时 雨量	24小时 雨量	过程雨量
1962-8							33.7	
1998-6-27	2.6	3.8	5.6	10.5	14.4	16.7	19.0	26.9
1998-7-3	4.0	6.0	6.8	7.9	10.3	12.5	17.9	41.2
1999-8-23	1.8	4.0	6.7	12.4	16.2	23.0	28.5	51.5
2000-8-30	6.5	9.8	11.8	15.8	19.8	21.8	30.0	54.7
最大值	6.5	9.8	11.8	15.8	19.8	23.0	33.7	54.7
最小值	1.8	3.8	5.6	7.9	10.3	12.5	17.9	26.9
平均值	3.7	5.9	7.7	11.7	15.2	18.5	25.8	43.6

表4-3　　　　　　　　　　　　年楚河流域山洪(泥石流)临界雨量　　　　　　　　　单位:mm

项目	10分钟 雨量	30分钟 雨量	60分钟 雨量	3小时 雨量	6小时 雨量	12小时 雨量	24小时 雨量	过程雨量
单站临界雨量法	1.5～2.0	3.0～3.5	5.5～6.5	6.5～8.5	8.5～10	10～12	15～20	15～30
区域临界雨量法	2.0～4.0	4.0～6.0	6.0～8.0	8.0～12	12～16	14～20	18～30	30～50

（3）区域内各流域临界雨量的推求

由于区域内雨量、水文、气象站点分布较稀疏,各流域临界雨量的推求只能参照典型区域临界雨量的结果进行类比。考虑西藏地形雨的影响及各流域地质、水文、气象条件的差异,适当进行了调整。

4.3.1.3　降水与山洪的影响

降水量和降水强度是形成山洪最重要也最为活跃的因素。山洪多发生在山区小流域的溪沟中,其过程经强水源补给迅速产生汇流,历时几小时到十几小时,很少能达到一天。文献[41]选取西藏地区多年平均最大10分钟降水量、60分钟降水量、6小时降雨量和24小时降雨量作为降水指标,分析其与西藏山洪分布的关系。各降水指标的分布整体都表现为东南多西北少的特点,但具体的空间分布上存在着一定的差异特征。其一,多年平均最大10分钟降水量与60分钟降水量由多到少方向为东南—西北,多年平均最大6小时和24小时降水量由少到多方向为北—南—东南。其二,以30°N和90°E经纬线为分界线,西藏西北部地区各降雨指标降水较少但分布都比较均匀,分界线的东南地区降水集中但分布不均匀,尤其在雅鲁藏布江大拐弯地区和三江地带降水分布变化较大。

西藏山洪灾害与各类型降水指标的分布具有一定的相似性。不同类型的降水指标山洪灾害集中分布的降水区间不同,具体来说,年均最大10分钟降水区间主要分布在7.1mm,年均最大60分钟降水区间主要分布在10mm,年均最大6小时降水区间主要分布在20mm,其中年均最大60分钟降水指标的线性拟合斜率最大,对山洪灾害密度分布最为敏感[41]。

典型区案例2　尼洋河流域临界雨量的推求

1. 基本情况

尼洋河流域位于西藏东南林芝市,包括工布江达县全部的9个乡、林芝县的3个乡及八一镇。地理位置在北纬29°28′～30°30′,东经92°10′～94°35′。东面和东北面与帕隆藏布流域为邻;西南和西北面与拉萨河流域相邻,南部为雅鲁藏布江干流。流域呈狭长形,长258km,平均宽度69.1km,流向西北—东南,地势西北高东南低。

尼洋河为雅鲁藏布江中游左岸一级支流,发源于念青唐古拉山南麓错木果拉冰川湖,源头海拔约5000m。水流从较大的拉木错流出,由西向东,经松多至加兴转向东北流,在金达折向东南,经太昭娘曲汇入后始称尼洋河。水流于工布江达复向东流,巴河汇入后,经百巴、更张、尼西,在八一镇附近折向南流,过林芝县城,在立定村附近汇入雅鲁藏布江。干流全长286.7km,河口海拔2920m,总落差2080m,平均坡降7.25‰,流域面积17864km²。

尼洋河流域水系发育,支流众多,每隔几千米就有一条终年流水的支流汇入干流。巴河是尼洋河左岸最大的支流,巴郎曲是右岸最大的支流。

尼洋河流域属高原温带季风气候区,其中东部为半湿润区;往西部则逐渐过渡至半干旱区,其气候特点是夏无酷热而多雨,冬无严寒,垂直气候带明显,气温日差较大,年差较小。受印度洋暖湿气流的影响,尼洋河流域夏季降水总量大,降水日数多,降雨强度小,多夜雨。

尼洋河流域内地形复杂,大小山脉纵横交织,形成了许多沟壑谷川,在沟谷源头广泛分布第四纪冰川遗迹,不少地方还发育有现代冰川[49—51]。由于冰川多次前进和后退,在河流上游往往残留冰川湖。中下游谷宽坡陡,形成了高原高山宽谷地貌。在地势上,尼洋河流域正处于西藏东西向与南北向山脉的交会处、高原与藏东南峡谷的过渡地区。流域内出露的地层主要有石炭系旁多群、二叠系上统的沉积岩及第四系松散堆积物,侵入岩有喜山期花岗岩及燕山晚期—喜山期花岗岩。尼洋河流域在区域构造上位于雅鲁藏布江弧形构造以北,藏滇缅印所组字形头部林周—梭白拉西旋层和雅鲁藏布江北东向构造带上,正处在念青唐古拉山南麓地带和雅鲁藏布江地震带的影响范围之内。

尼洋河流域交通便利,气候适宜,山水秀丽,森林覆盖率为31.4%,号称"西藏的江南",是西藏工农业及旅游业较发达地区之一,但该流域洪水及泥石流等自然灾害严重,已成为制约当地社会经济发展的主要瓶颈。该流域上设有一定的水文站点,积累了一定的山洪资料。因此,尼洋河流域山洪灾害区基本满足典型区条件,且该流域是高原半湿润气候的典型代表区域之一,故选为典型区。

2. 时段雨量统计

经对收集到的降水资料进行分析整理,共筛选出山洪灾害过程5次,且由于受尼洋河流域雨量站点及观测情况的限制,只有工布江达、更张两站的降水资料符合要求。对于每次山洪灾害过程,在两个雨量站的逐时雨量资料中,查找并统计对应的各时段最大雨量及过程雨量,单站临界雨量只统计在过程期已发生山洪灾害的单站雨量,区域临界雨量则无论是否发生山洪的站点雨量都参与统计。

3. 临界雨量

在单站临界雨量计算时,查找两站5次山洪过程各时段最大值中的最小值,得出的结果即为各站的临界雨量初值;在计算区域临界雨量时,计算5次山洪过程两个站各时段的最大面平均值。依次求出单站临界雨量的平均值、最大值、最小值,供分析用;求出区域5次面平均值的最小值(得出的结果即为区域临界雨量初值)、平均值(供分析用)。

按照单站临界雨量分析区域临界雨量的方法,在临界雨量初值的基础上,确定单站及区域临界雨量的变幅,这个变幅的取值区间为临界雨量。

由于本区域代表站点少,无法勾绘临界雨量等值线,经分析,本区域内各小流域的临界雨量相差应不大,即可用此临界雨量作为区域内各小流域的临界雨量。同时,由于西藏雨量站点少,许多地区根本无站点,经分析,此临界雨量可作为分析西藏半湿润和湿润地区的临界雨量的参考值。

有关情况可参阅表 4-4、表 4-5、表 4-6。

表 4-4　　　　　尼洋河流域山洪(泥石流)各站临界雨量　　　　单位:mm

站名	10分钟雨量	30分钟雨量	60分钟雨量	3小时雨量	6小时雨量	12小时雨量	24小时雨量	过程雨量
工布江达	1.1	3.1	5.9	8.2	11.2	14.8	16.2	18.2
更张	0.9	2.4	3.6	10.3	12.7	12.9	19.1	28.2
最大值	1.1	3.1	5.9	10.3	12.7	14.8	19.1	28.2
最小值	0.9	2.4	3.6	8.2	11.2	12.9	16.2	18.2
平均值	1.0	2.8	4.8	9.3	12.0	13.9	17.7	23.2

表 4-5　　　　　尼洋河流域山洪(泥石流)面均临界雨量　　　　单位:mm

过程发生日期	10分钟雨量	30分钟雨量	60分钟雨量	3小时雨量	6小时雨量	12小时雨量	24小时雨量	过程雨量
1991.6.15	2.6	5.0	6.2	12.3	14.0	14.1	17.7	23.2
1996.6.24	1.7	4.1	6.3	11.7	19.2	26.2	34.6	42.8
1996.7.3	2.4	4.2	6.4	14.5	25.0	34.9	40.6	101.5
1996.7.15	1.5	3.3	4.9	9.3	12.2	19.1	25.3	54.3
2000.7.11	1.6	3.9	6.5	12.2	15.7	17.1	24.5	123.3
最大值	2.6	5.0	6.5	14.5	25.0	34.9	40.6	123.3
最小值	1.5	3.3	4.9	9.3	12.2	14.1	17.7	23.2
平均值	2.0	4.1	6.1	12.0	17.2	22.3	28.5	69.0

表 4-6　　　　　尼洋河流域山洪(泥石流)临界雨量　　　　单位:mm

项目	10分钟雨量	30分钟雨量	60分钟雨量	3小时雨量	6小时雨量	12小时雨量	24小时雨量	过程雨量
单站临界雨量法	0.5~1.0	2.0~3.0	3.5~4.5	8.0~10	10~12	12~14	16~18	20~22
区域临界雨量法	1.5~2.0	3.0~4.0	5.0~6.0	10~12	12~16	15~25	20~30	30~70

4.3.1.4　降雨区划

(1)区划标准

将区域临界雨量确定后,与区域的不同时段各频率设计暴雨等值线进行比较,按下列标准进行区划:

1)山洪灾害高发降雨区

临界雨量≤$P=20\%$的设计值雨量的区域。

2)山洪灾害常发降雨区

$P=20\%$的设计值雨量<临界雨量≤$P=10\%$的设计值雨量的区域。

3)山洪灾害易发降雨区

$P=10\%$的设计值雨量<临界雨量≤$P=5\%$的设计值雨量的区域。

4)山洪灾害少发降雨区

$P=5\%$的设计值雨量<临界雨量≤$P=2\%$的设计值雨量的区域。

5)山洪灾害罕发降雨区

临界雨量>$P=2\%$的设计值雨量的区域。

根据以上划分标准,西藏大部分地区为高发降雨区,与实际不符。因此,要将降雨区划结合地形地质区划、灾害点的分布及发生频率等资料进行分析。

降雨区划最终结果显示:山洪灾害高发降雨区主要分布在雅鲁藏布江干流日喀则—山南一带及年楚河、尼洋河、帕隆藏布流域,山南市的洛扎、错那县和昌都市的江达及芒康县面积为13.06万 km²,占全区国土面积的10.9%;山洪灾害易发降雨区主要分布在藏东"三江"流域中段和羊卓雍错流域,面积为5.40万 km²,占全区国土面积的4.5%;山洪灾害常发降雨区面积为16.33万 km²,占全区国土面积的13.6%;山洪灾害少发降雨区主要分布在东经90°以西,北纬32°以北的规划区域内,面积为15.34万 km²,占全区国土面积的11.3%。以上山洪灾害可能影响区域面积约占全区国土面积的40.3%,其他地区为山洪灾害罕发降雨区。

有关情况可参阅图4-1、图4-2。

图 4-1　年楚河山洪灾害临界雨量分析典型区划分图

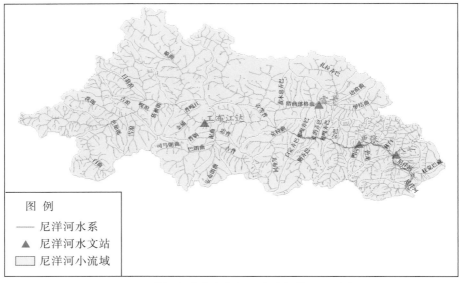

图 例

—— 尼洋河水系

▲ 尼洋河水文站

□ 尼洋河小流域

图 4-2　尼洋河山洪灾害临界雨量分析典型区划分图

4.3.2　地形地质区划

4.3.2.1　地形坡度分区

西藏自治区的地形坡度按坡度＜10°、10°～25°、25°～45°、≥45° 4 个类别进行划分。各区的分布范围及特征如下：

（1）坡度＜10°区：主要分布在藏西札达、普兰，藏南仲巴、多庆错、羊卓雍错及雅鲁藏布江宽谷区，地貌类型由冲积台地、洪积台地、冰水（碛）台地及中高海拔平原组成。

（2）坡度＝10°～25°区：主要分布在日喀则市、狮泉河地区山地前缘，地貌类型由丘陵、小起伏山地等地貌类型组成。

（3）坡度＝25°～45°区：主要分布在冈底斯山脉、错那以西喜马拉雅山脉山脊地带及藏东三江地区，地貌类型由丘陵、小起伏山地、大起伏山地等地貌类型组成。

（4）坡度≥45°区：主要分布在林芝市和昌都市南部，地貌类型由大起伏山地、极大起伏山地等地貌类型组成。

4.3.2.2　地层岩性分区

西藏自治区地层岩性可分为土体和岩体两大类。其中岩体按坚固程度分为硬质岩石和软质岩石两类，同时按岩石的强度指标进一步分为极硬岩石、次硬岩石、次软岩石和极软岩石 4 个岩性单元，将硬质岩石与软质岩石相间分布的地层单独作为软硬相间岩性单元；各类土体则按规定的一个岩性单元进行处理。各岩性单元的分布特征如下：

（1）**硬质岩石**

1）极硬岩石：主要分布在规划区内墨脱—察隅—洛隆、金沙江沿岸、米林—谢通门间冈底斯山脉一带,那曲市、札达—仲巴间有零星分布。面积 $10.17 \times 10^4 km^2$,占规划区面积的 20.29%,其组成岩石为花岗岩、片麻岩、闪长岩、辉绿岩、玄武岩、石英岩、硅质岩、硅质石灰岩等硬度极大的岩石。

2)次硬岩石:分布在规划区内江达—贡觉、隆子—错那、仁布—岗巴、定日—吉隆、札达—普兰等地,面积 $7.67 \times 10^4 km^2$,占规划区面积的 15.32%,其组成岩石为大理岩、板岩、石灰岩、白云岩、钙质砂岩等硬度较大的岩石。

(2)软质岩石

1)次软岩石:分布在规划区内芒康—类乌齐、米林—浪卡子—白朗—仲巴一带的雅鲁藏布江南岸,面积 $6.70 \times 10^4 km^2$,占规划区面积的 13.37%,其组成岩石为凝灰岩、千枚岩、泥灰岩、砂质泥岩、板岩、泥质砂(砾)岩等硬度较小的岩石。

2)极软岩石:主要分布在规划区内洛隆—那曲—索县、隆子—措美—康马、定日—吉隆一带,面积 $8.39 \times 10^4 km^2$,占规划区面积的 16.74%,其组成岩石为页岩、千枚岩、黏土岩、泥质砂岩、绿泥石片岩、云母片岩、各种半成岩等硬度极小的岩石。

(3)软硬相间岩石

是区内的主要岩石类型,分布在藏东地区昌都、类乌齐、边坝—丁青、波密—工布江达—当雄、谢通门、南木林—仲巴、亚东—聂拉木—吉隆等地,面积 $14.40 \times 10^4 km^2$,占规划区面积的 28.73%,主要由石英砂岩、石灰岩、板岩、钙质砂岩、灰岩等硬质岩石与千枚岩、泥灰岩、泥岩、片岩、砂(砾)岩等软质岩石相间分布组成。

(4)土体

零星分布在规划区内大型河谷、内陆湖盆内,面积 $2.80 \times 10^4 km^2$,占规划区面积的 5.55%,其土体类型主要为卵石土、泥质碎石土、砂砾石土、角砾土、黏土、亚黏土等,结构松散、密实均有分布。

4.3.2.3 地质构造

(1)地质构造单元及新构造运动特征

规划区在大地构造上由喜马拉雅板片、冈底斯—念青唐古拉板片和羌塘—三江复合板片组成,其北侧边界为班公错—怒江缝合带,南侧为西瓦利克 A 型俯冲带,东侧为金沙江缝合带,中部为雅鲁藏布江缝合带。青藏高原为印度板块和欧亚板块碰撞的产物,其碰撞带即为西瓦利克 A 型俯冲带。中新世晚期以来,由于印度板块向北府冲,造成区内地壳强烈隆升,其海拔从隆升初期的 1000m 上升到现在的约 5000m,其幅度之大是过去前所未有的。青藏高原在隆升的同时,板块缝合带及边界断裂异常活跃,其间常发育有规模宏大的深大断裂,其分布特征基本控制了青藏高原总体地貌骨架。根据板块挤压的应力特征,内构造组合可分为东西向、南北向、北西向和北东向 4 组活动构造带。

1)东西向活动构造带

主要位于东西向山脉之间，是老构造继承活动的显示，由具走滑特征的逆冲断裂带、线状断裂谷地和断陷盆地等组成。主要有班公错—丁青断陷盆地谷地带、准噶藏布—雅鲁藏布断陷谷地带、喜马拉雅北坡断陷盆地带、冈底斯北坡断陷盆地带和波密—然乌线状断裂谷地带。

2)南北向活动构造带

主要分布于冈底斯山地区及其以南，与东西向活动构造带相切割。几乎是中新世晚期以来形成的，上新世以火山活动为特征，第四纪以断块升降为要，至今仍在活动，显示地堑式或半地堑式断陷盆地。主要有亚东—康马—羊八井—那曲活动构造带、定结—申扎活动构造带、安觉错—当穹错活动构造带、帕龙错—仓木错活动构造带。

3)北西向活动构造带

主要分布于羌塘地区，墨脱—察隅地区亦有展布。为共轭走滑断裂的一组，多数为老构造重新活动，更新世以来为主要活动期，显示为走滑断裂宽浅谷地和走滑断陷盆地，多被北东向构造错断。

4)北东向活动构造带

主要分布于羌塘地区东部和珞瑜地区之间。为共轭走滑断裂的另一组，显示为走滑断裂宽浅谷地及走滑断陷盆地。

新构造运动的主要特征为隆升的整体性和隆升的差异性。

隆升的整体性：青藏高原完整的高原面区和高山与山地的峡谷脊岭区虽高程起伏相差较大，但平均高程变化在 4500～5000m，与周围第四纪坳陷带相比高出 4000～6000m，显然青藏高原隆起前的两级夷平面现今高程分布为 4500～5000m 和 5200～5500m，形态基本完整，表明高原内差异运动不十分强烈。上新世和第四纪地层倾角平缓，除活动断裂附近外，一般为 6°～8°，显示以较均衡的区域垂直运动为主。

隆升的差异性：受东西向和北东、北西、南北向活动断裂制约产生的相间分布的断块山地和断陷谷地与盆地表明，在西藏高原整体隆升过程中，内部存在明显的差异升降，主要集中显示于班公错—怒江缝合带以南、喜马拉雅山以北地区。断陷带为地震活动和地热活动的强烈带，断块山地则为相对微弱带。

（2）地震

区内地震震源深度基本上都在岩石圈内，破坏性大的浅源地震占绝大多数，又以 33km 上下深处发生频率较高。震源深度在下地壳与上地幔顶部之间，主要分布于冈底斯—念青唐古拉山以南的活动构造带中。在藏北地区则分布零散，且多半震源深度小于 35km。震中主要分布于活动构造带或其附近，又多居于活动构造带的端点、转折部位或两条以上活动构造带的交叉带，具有明显的成带性。

西藏地震震级在有统计的大于 4.7 级的 548 次地震中，6～6.9 级地震 104 次，7～7.9

级地震 17 次,大于或等于 8 级地震 10 次,其中 8 级以上地震数量居全国之首。

4.3.2.4 地质灾害易发程度分区

地质灾害易发程度分区主要根据本次收集的地质灾害点及西藏自治区国土专题规划成果综合确定。由于本次收集的灾害点主要为地质灾害区划成果资料所列,受西藏自治区实际条件的限制,开展此项工作的县仅有 10 余个,其余大部分县市未开展此项工作,因而地质灾害原易发性分区参考了西藏自治区国土专题规划成果。

(1)泥石流

1)高易发区

分布于藏东昌都市的江达、昌都、察雅、贡觉、左贡、芒康、八宿县,那曲市的嘉黎县,林芝市的工布江达、林芝、米林、波密、墨脱、察隅县,山南市的加查、洛扎、错那县,拉萨市的墨竹工卡县,日喀则市的聂拉木、吉隆、亚东县及日喀则—昂仁一带的雅鲁藏布江两岸。面积 15.19 万 km², 占规划区总面积的 30.3%。上述地带位于德登—巴塘—日雨、字嘎寺—羊拉、拉妥—德钦—雪龙山、察雅东—盐井、吉由—察雅—碧土、崩错—边坝—怒江、嘉黎—然乌、达机翁—彭错林—朗县、吉隆—定日—岗巴等大型断裂构造系统中,为地层强烈褶皱区,岩石破碎,新构造运动及第四纪以来的活动性断裂活动较剧烈,地震活动频繁,地震烈度为Ⅶ～Ⅷ度,局部地区≥Ⅸ度。河流深切,地貌类型以大起伏山地、极大起伏山地为主,山地内多峡谷,谷坡陡峻,地形地貌十分复杂,坡度多>45°。泥石流主要分布在极大起伏山地和大起伏山地中,各类岩石均有分布,其中极硬岩石和软硬相间岩石中分布相对较多。山体中上部海洋型和大陆型冰川雪被、冰川湖十分发育,寒冻风化严重,大面积分布寒冻风化碎石;中下部冰碛堆积物普遍,为泥石流形成提供了极为有利的条件。泥石流发育密度为>5 个/10km², 常常在一些局部地带形成强烈发育带,著名的古乡沟、通德沟、迫隆沟、托林沟等泥石流沟均分布于该区域。泥石流危害极大,多年来造成的损失极其严重(图 4-3)。

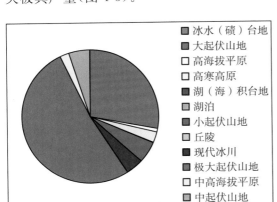
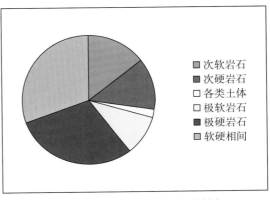

高易发区泥石流与地貌类型关系饼图　　　　高易发区泥石流与岩性关系饼图

图 4-3　高易发区泥石流与地貌岩性分类统计图(资料来自《西藏自治区山洪灾害防治规划报告》)

2）中易发区

分布于怒江流域的洛隆、边坝、比如、索县、巴青、丁青县，澜沧江流域的类乌齐县，拉萨河流域的林周、堆龙德庆、墨竹工卡、达孜县，尼洋河流域的林芝、工布江达县，雅鲁藏布江中部流域的米林、朗县、曲松、琼结、乃东、桑日、扎囊、贡嘎、曲水、尼木、南木林、仁布、康马、江孜、白朗、谢通门、日喀则、昂仁、拉孜、萨嘎县，朋曲流域的定日、定结县，布拉马普特拉河流域的措美、错那、隆子县的部分地区。面积 23.06 万 km²，占规划区总面积的46.0％。区内发育的构造有巴青—类乌齐、日土—改则—丁青、崩错—边坝—怒江、达机翁—彭错林—朗县、达吉岭—昂仁—仁布、札达—拉孜—邛多江、吉隆—定日—岗巴等主要断裂系统，地质构造复杂，岩层（体）较破碎。新构造运动较强烈，差异性升降幅度较大，地震较为活跃，地震烈度为Ⅶ度，局部地区≥Ⅷ度。地貌上以雅鲁藏布江谷地为主体，地貌类型以大起伏山地和中起伏山地为主，多宽谷和峡谷相间分布，地形复杂，山体较陡峻，坡度多为 25°～45°区，局部为＞45°区。泥石流主要分布在大起伏山地和中起伏山地内，岩性以软硬相间、极硬和次软岩石为主。局部地区山体中，上部冰川雪被发育，以大陆型冰川为主，寒冻风化强烈，岩屑坡连续成片分布。植被覆盖率低，且人为破坏严重。泥石流发育密度为 1～5 个/10km²，局部地段形成泥石流强烈发育带，造成的危害也十分严重（图 4-4）。

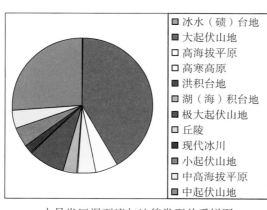
中易发区泥石流与地貌类型关系饼图

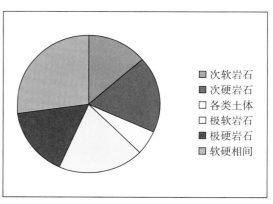
中易发区泥石流与岩性关系饼图

图 4-4　中易发区泥石流与地貌岩性分类统计图（资料来自《西藏自治区山洪灾害防治规划报告》）

3）低易发区

分布于雅鲁藏布江上游的仲巴县，西部朗钦藏布流域的札达县，马甲藏布流域的普兰县，羌塘地区的那曲、聂荣县，位于外延部分的札达—拉孜—邛多江、达吉岭—昂仁—仁布、吉隆—定日—岗巴等主要断裂构造系统中。面积 11.88 万 km²，占规划区总面积的 23.7％。岩层（体）褶皱变形强烈，新构造运动较活跃，整体隆升幅度大。大部分地区地震烈度为Ⅶ度，局部地区≥Ⅷ度。平均海拔近 4000m，寒冻风化强烈。区内地貌类型较简单，河流峡谷少见，以平缓的地形为主体，地形坡度为＜10°、10°～25°区。泥石流主要分布在局部极大起伏、大起伏山地内,发育地带岩性主要为软硬相间和极软岩石。泥石流较不发育,密度为<1 个/10km²,零星分布在河谷和公路沿线的局部陡坡下部,规模一般较小,活动间歇期较长,以冲刷沟岸为主(图 4-5)。

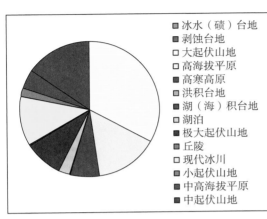

低易发区泥石流与地貌类型关系饼图

图例：
- 冰水（碛）台地
- 剥蚀台地
- 大起伏山地
- 高海拔平原
- 高寒高原
- 洪积台地
- 湖（海）积台地
- 湖泊
- 极大起伏山地
- 丘陵
- 现代冰川
- 小起伏山地
- 中高海拔平原
- 中起伏山地

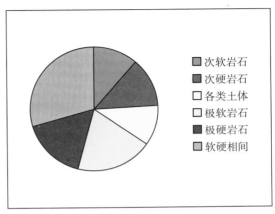

低易发区泥石流与岩性关系饼图

图例：
- 次软岩石
- 次硬岩石
- 各类土体
- 极软岩石
- 极硬岩石
- 软硬相间

图 4-5　低易发区泥石流与地貌岩性分类统计图(资料来自《西藏自治区山洪灾害防治规划报告》)

(2)滑坡

1)高易发区

分布于昌都市的江达、察雅、贡觉、芒康、左贡、八宿、洛隆、边坝县,林芝市的波密、林芝、米林、墨脱、察隅县,日喀则市的吉隆、聂拉木县,山南市的错那县以南、隆子县东南等地。面积 6.53 万 km²,占规划区总面积的 13.0%。断裂构造交会处分布则更为密集,这些地带地形坡度为 25°～45°,局部地段>45°。区内降水丰沛,风化强烈,道路开挖、采矿、森林采伐等人类工程活动强烈,十分有利于滑坡体发育。滑坡发育地带岩性主要为极硬岩石和软硬相间岩石,滑坡分布密度>6 个/10km²,局部地段可达 9 个/10km²。著名的帕隆藏布大滑坡、老虎嘴大滑坡、104 道班西南侧的拉月大滑坡、东久林场滑坡均分布于该区内,川藏公路邓西桥至东久林场公路沿线的滑坡发育也十分强烈。此外,帕隆藏布入口至背崩的沿江两岸、金沙江西岸需聋、昌都俄洛、八宿然乌、吉隆沟、中锡公路康布至上亚东、错那河、聂拉木至友谊桥的中尼公路沿线等地分布也较密集,其中的樟木滑坡即是规模巨大的一例。这些大规模的滑坡曾多次毁坏公路、冲毁桥涵、堵塞江河、破坏建筑物,所造成的损失难以估量,给当地人民生命财产和经济建设造成了极大的威胁(图 4-6)。

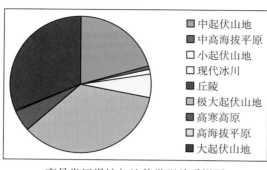
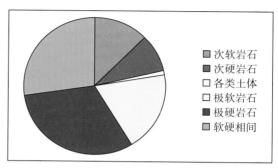

高易发区滑坡与地貌类型关系饼图　　　　　　　高易发区滑坡与岩性关系饼图

图4-6　高易发区滑坡与地貌岩性分类统计图(资料来自《西藏自治区山洪灾害防治规划报告》)

2)中易发区

分布于那曲市的索县、比如、嘉黎县,林芝市的林芝、工布江达、朗县、米林县,拉萨市的堆龙德庆、墨竹工卡、曲水、尼木县,山南市的加查、曲松、桑日、乃东、琼结、扎囊县,日喀则市的仁布、江孜、白朗、日喀则、萨嘎等县的部分或全部地区。面积4.57万km²,占规划区总面积的9.1%。为宽谷与峡谷相间地貌,相对切割深度1000~1500m。物理风化强烈,垦荒、森林采伐、道路开挖、采樵等人类工程经济活动较剧烈。滑坡主要分布在极大起伏山地内,多集中分布于坡度大于40°的河溪峡谷两侧,地形宽缓和山坡坡度小于40°的地带则很少发生。出露地带岩性以软硬相间岩石、极硬岩石、次软岩石为主。滑坡体分布密度为3~6个/10km²,个体规模以中小型为主,少数为大型,特大型较为少见。为数不多的中等规模以上的滑坡所造成的灾害损失较为严重(图4-7)。

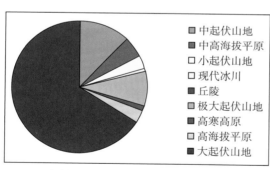
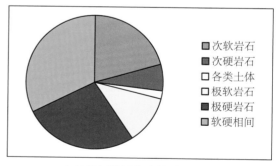

中易发区滑坡与地貌类型关系饼图　　　　　　　中易发区滑坡与岩性关系饼图

图4-7　中易发区滑坡与地貌岩性分类统计图(资料来自《西藏自治区山洪灾害防治规划报告》)

3)低易发区

分布于上述地区以外地带,面积39.04万km²,占规划区总面积的77.9%。岩性由花岗岩、砂岩等硬质岩和砂岩、粉砂岩、泥岩、页岩等软硬相间分布岩石组成。气候干旱,以物理风化为主。地形较宽缓,相对高差500~1000m,山坡坡度为25°~45°区。人类工程经济活动较弱。滑坡主要分布在大起伏山地和中起伏山地内,岩性以极硬和软硬相间分布的岩石为主,滑坡不甚发育,分布密度为 1～3 个/10km²,规模一般较小,多分布于地形较陡的河溪两岸和公路沿线,危害不大(图 4-8)。

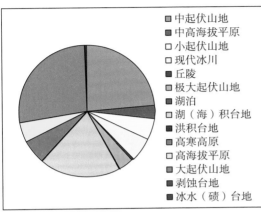

低易发区滑坡与地貌类型关系饼图   低易发区滑坡与岩性关系饼图

图 4-8   低易发区滑坡与地貌岩性分类统计图(资料来自《西藏自治区山洪灾害防治规划报告》)

4.3.3   经济社会区划

经济社会基本资料是全面了解和掌握山洪灾害防治区、威胁区经济社会发展状况的重要资料,同时也是确定经济社会区划即重要经济社会区和一般经济社会区、制定规划防治措施、分析防治效益的重要依据。

4.3.3.1   经济社会概况

据 2000 年第五次人口普查统计,西藏自治区 2000 年末总人口约 261.6352 万,人口密度为 2.16 人/km²,其中城镇人口 50.8326 万,农村人口 210.8026 万。各地级行政区人口分布详情见表 4-7。

表 4-7   西藏自治区各地(市)人口分布情况表

地(市)	总人口/万	城镇人口/万	农村人口/万	土地面积/km²	所占百分比/%				人口密度/(人·km⁻²)
					总人口	城镇人口	农村人口	土地面积	
拉萨	47.4499	19.0532	28.3967	29540	18.14	37.48	13.47	2.46	16.06
昌都	58.6175	5.3034	53.3141	181428	22.40	10.43	25.29	15.09	3.23
日喀则	63.4962	8.5950	54.9012	79440	24.27	16.91	26.04	6.61	7.99
山南	31.8106	9.9062	21.9044	113957	12.16	19.49	10.39	9.48	2.79
阿里	7.7253	1.4687	6.2566	108874	2.95	2.89	2.97	9.05	0.71
那曲	36.6710	2.5661	34.1049	390351	14.02	5.05	16.18	32.46	0.94
林芝	15.8647	3.9400	11.9247	298780	6.06	7.75	5.66	24.85	0.53
全区	261.6352	50.8326	210.8026	1202370	100	100	100	100	2.18

由表 4-7 可知,拉萨市人口密度最大,土地面积最少;那曲、阿里地区土地面积较大,人烟稀少。在那曲、阿里、拉萨市及日喀则市土地面积中,均有部分土地位于羌塘高原,四地(市)羌塘高原部分人口分布情况见表 4-8。

表 4-8 羌塘高原人口分布情况表

地(市)	总人口/万	城镇人口/万	农村人口/万	土地面积/km²	所占百分比/%				人口密度/(人·km⁻²)
					总人口	城镇人口	农村人口	土地面积	
日喀则	2.0776	0.1491	1.9285	2694	10.85	27.71	10.36	0.45	7.71
拉萨	0.4166	0.0000	0.4166	35541	2.17	0.00	2.24	5.98	0.12
那曲	12.2103	0.0000	12.2103	320211	63.74	0.00	65.58	53.91	0.38
阿里	4.4516	0.3890	4.0626	235545	23.24	72.29	21.82	39.65	0.19
合计	19.1561	0.5381	18.618	593991	100	100	100	100	0.32

由上表可知,在羌塘高原人口除日喀则市密度较高外,其他各地(市)人口密度普遍较低。

4.3.3.2 社会经济区划情况

(1)山洪灾害防治区社会经济情况

根据全区各县上报的山洪灾害情况及调查资料统计得到:山洪灾害防治区总土地面积 50.13 万 km²,占全区总面积的 42.3%;防治区人口 206.40 万,占全区总人口的 78.9%;防治区耕地面积 469 万亩,占全区总耕地面积的 85%;防治区工农业总产值 47.46 亿元,占全区总量的 71%;防治区国内生产总值 76.41 亿元,占全区总量的 72%(以上各指标均不含城镇)。由此可知,西藏自治区山洪灾害防治区的各类经济指标在西藏占主导地位。

(2)社会经济区划

按《西藏自治区山洪灾害防治规划编制技术大纲》中社会经济区划的划分标准:

①受山洪威胁人口达 200 人以上或受山洪诱发的泥石流、滑坡威胁人口达 200 人以上;

②区域内财产总值超过 2000 万元,有一定规模的工矿企业;

③区域内有国家和省级重要基础设施(如过境铁路、公路等)。

满足上述任何一个条件的山丘区小流域,可以划为重要经济社会区。除重要经济社会区以外的山洪灾害防治区为一般经济社会区。

1)防治区社会经济区划概况

本次山洪灾害防治规划社会经济区划涉及西藏自治区共 7 个地区、69 个县(市、区)。

在 2010 个小流域中,1463 个小流域划分为重要社会经济区,占防治区的 72.8%;重要社会经济区内人口总数为 195 万,占防治区的 94.5%;重要社会经济区内 2000 年国内生产总值 72.72 亿元,占防治区的 95.2%;重要社会经济区内 2000 年工农业总产值 44.95 亿元,占防治区的 94.7%;面积 36.67 万 km²,占防治区的 73.2%。

在 2010 个小流域中,547 个小流域划分为一般社会经济区,占防治区的 27.2%;一般社会经济区内人口总数为 11.4 万,占防治区的 5.5%;2000 年国内生产总值 3.69 亿元,占防治区的 4.8%;工农业总产值 2.51 亿元,占防治区的 5.3%;面积 13.46km²,占防治区的 26.8%。

在 2010 个山洪灾害防治小流域中威胁区总面积 90239.07km²,占防治区总面积的 18%;威胁区总人口 157.6 万,占总人口的 76.4%,国内生产总值 69.87 亿元,占防治区总产值的 91.4%。

2)分地区社会经济区划情况

那曲市 293 个小流域中,171 个小流域为重要社会经济区,122 个小流域为一般社会经济区。防治区总面积 69040km²,其中重要社会经济区面积 42834km²,占 62.0%;一般社会经济区面积 26206km²,占 38.0%。威胁区面积 12422.55km²,威胁区总人口 19.04 万。

昌都市 488 个小流域中,420 个小流域为重要社会经济区,68 个小流域为一般社会经济区。防治区总面积 106930km²,其中重要社会经济区面积 94348km²,占 88.2%;一般社会经济区面积 12582km²,占 11.8%。威胁区面积 19324.95km²,威胁区总人口 42.27 万。

林芝市 313 个小流域中,184 个小流域为重要社会经济区,129 个小流域为一般社会经济区。防治区总面积 74688km²,其中重要社会经济区面积 48062km²,占 64.4%;一般社会经济区面积 26626km²,占 35.6%。威胁区面积 13275.68km²,威胁区总人口 9.30 万。

拉萨市 114 个小流域中,全部为重要社会经济区,防治区总面积 26380km²。威胁区面积 4876.14km²,威胁区总人口 22.42 万。

山南市 182 个小流域中,114 个小流域为重要社会经济区,68 个小流域为一般社会经济区。防治区总面积 47176km²,其中重要社会经济区面积 26630km²,占 56.4%;一般社会经济区面积 20546km²,占 43.6%。威胁区面积 8434.46km²,威胁区总人口 19.74 万。

日喀则市 509 个小流域中,427 个小流域为重要社会经济区,82 个小流域为一般社会经济区。防治区总面积 143561km²,其中重要社会经济区面积 118541km²,占 82.6%;一般社会经济区面积 25020km²,占 17.4%。威胁区面积 26546.45km²,威胁区总人口 43.95 万。

阿里地区 111 个小流域中,33 个小流域为重要社会经济区,78 个小流域为一般社会经济区。防治区总面积 33564km²,其中重要社会经济区面积 9624km²,占 28.7%;一般社会经济区面积 23940km²,占 71.3%。威胁区面积 5358.84km²,威胁区总人口 0.90 万。

4.4 山洪灾害风险性评估

4.4.1 致灾因子与承灾体易损性分析

4.4.1.1 致灾因子风险分析

可能造成灾害的因素称为致灾因子。山洪灾害的致灾因子主要是降雨，又可称为灾源。任何致灾因子都具有三个参数，即时、空、强。

时：灾源出现或发生作用的时间（有时是时间点，有时是时间过程）。

空：灾源所在地理位置。

强：灾源强度。如暴雨值等。

（1）致灾因子风险分析方法

致灾因子风险分析是灾害风险评价中基础的、不可缺少的一部分。其核心内容是建立灾害强度与频率的关系，并由此导出在未来一定时段内灾害强度指标超过一定值的概率。山洪灾害的孕育、发生和发展是自然界中能量系统平衡失调而造成人类社会损失的一种现象。如洪水的发生，本是海陆水文循环过程中的一个子过程，但当其强度足够大时，容易造成灾害，而江河两岸往往是人口众多、经济发达的地区。

山洪灾害的发生具有较强的不确定性，一般采用统计学中的频率概念来分析和建立灾害强度与发生频率间的关系。灾害发生的频率、强度和范围之间存在着一定的相关性，一般灾害强度越大，受灾范围就越广，而发生的频率却相对较小。

致灾因子风险分析方法通常采用野外调查法、模拟实验法、地理信息系统及遥感（GIS/RS）技术法、历史资料的统计分析和模型预测等。由于适用范围不同，应根据实际选取不同的方法。本研究中主要采用野外调查法、地理信息系统及遥感（GIS/RS）技术法、历史资料统计分析法[41]。

（2）致灾因子

1）溪河洪水的成因

溪河洪水的成因在西藏不同地区各不相同。单纯从年降雨量这类数据虽然可以分析出灾害发生的规律，但考虑天气系统及地面特性效果会更佳。形成暴雨或长历时降雨过程的天气系统主要有高空槽、冷锋、气旋、低涡等，掌握这些天气系统的变化规律，建立天气系统与灾害强度、频率间的关系，便可进行风险分析工作。从地面性质看，河流的坡度、流程、汇流时间等对形成洪水也有很大影响，相同的天气情况作用在不同的流域，造成的灾情是有差异的。此外，天文因素如月亮引潮力、厄尔尼诺现象对洪水灾害也有一定的影响。

2）滑坡的成因

滑坡的滑体主要为岩土或土体。滑体滑移作用的发生，必须存在边坡的临空条件，这种条件主要取决于地形坡度和地表相对切割深度。

3）泥石流的成因

泥石流沟的发育必须具备三个基本条件：一是有利的地形地貌基础；二是丰富的补给物质条件；三是有适当的降雨水源激发。前二者属环境条件，即一条沟谷所具备的自然环境，而决定泥石流形成的激发降雨大小，也是判别一条沟谷在区域气候控制下是否可能暴发泥石流的条件。

堵塞、溃决泥石流的发生条件特殊，所以暴发的偶然性较强，但规模大，具有极大的灾害性。

冰湖溃决泥石流发生条件。冰湖应当是现代终碛阻塞湖；终碛堤形成的时代新，冰碛物结构松散，堤坝稳定性差；一般具有危险性的冰湖湖岸常与现代冰川直接相连或距离很近，有的冰舌甚至伸入冰湖几百米；冰川作用特征、冰舌段的纵比降、冰舌下段裂隙的发育程度以及冰川的运动速度和类型，亦是诱发冰湖溃决的重要因素；冰湖规模越大，其湖泊溶剂也越大，一旦溃决，其溃决洪峰流量和成灾的规模也相应增大；夏季高温多雨是触发冰湖溃决的气候条件。

冰川崩滑堵塞、溃决泥石流发生条件。冰川产生崩滑的物质条件就是大规模的现代冰川发育，特别是海洋性冰川，水汽丰富，冰层厚度大，冰川进退频繁，岩屑物质含量高；发育于高坡面上的悬冰川；高温多雨季节由于气温高，冰川消融加大，冰裂发育，冰川整体性减弱，加大了冰川的活动性，冰川崩滑产生的冰雪土石坝中，冰雪消融快，使坝体结构性差，极易溃决；冰雪崩滑堵塞，须具备良好的水源条件[1,3,49,70,71]。

4.4.1.2 承灾体易损性分析

承受灾害的对象统称为承灾体。任何一个承灾体都是一个复杂的能量转换系统，它们担当着将山洪灾害的破坏性能量转化为破坏现象的角色。能量转化的复杂性是承灾体的主要性质。

山洪灾害研究和减灾的关键是减轻承灾体的社会经济损失。山洪灾害承灾体易损性分析是山洪灾害风险性评估的重要组成部分。山洪灾害承灾体易损性可分为下面几种：

①自然易损性：易损的建筑物、基础设施和农业等；

②经济易损性：经济财产、工业产品的易损性；

③社会易损性：居民生活状况和收入的易损性，社会的恢复和重建能力，抵御灾害的对策等。

易损性的经济评价主要是用费用—效益分析方法，确定防灾工程和生物措施的花费。而社会易损性是评价山洪灾害威胁的主要因素。由于山洪灾害分布面积广，危害范围大，成灾复杂，对承灾体所产生的自然、社会和经济影响也是多方面和相对复杂的。

山洪灾害风险性评估是危险性和易损性的综合函数。一般认为社会经济条件可以定性反映区域的灾害损失敏感度即易损性的高低。社会经济发达的地区，人口、城镇密集，产业活动频繁,承灾体的数量多、密度大、价值高,遭受山洪灾害时,人员伤亡和经济损失就大。社会经济条件较好的地区,区域承灾能力相对较强,相对损失率较低,但区域绝对损失和损失密度不会因而降低。同样等级的山洪灾害发生在经济发达、人口密集的地区可能造成的损失要比发生在荒无人烟的经济落后的地区大得多。本研究采用人口密度、工农业产值、耕地面积等因子分析山洪灾害的易损性。西藏自治区社会经济易损性分析结果见表4-9。

表4-9　　　　　　　　西藏自治区部分县(市)社会经济易损性分析结果

易损级别	县(市)名称
低易损性	日土、噶尔、革吉、改则、措勤、尼玛、申扎、班戈
中易损性	札达、普兰、仲巴、吉隆、聂拉木、定日、定结、萨迦、亚东、岗巴、江孜、南木林、浪卡子、当雄、堆龙德庆、安多、那曲、索县、比如、嘉黎、林周、墨竹工卡、加查、洛扎、错那、措美、贡觉、丁青、类乌齐、朗县、米林、昌都、萨嘎、达孜、察雅、贡嘎、桑日、琼结、聂荣、巴青
高易损性	江达、林芝、边坝、工布江达、曲松、乃东、墨脱、察隅、拉孜、昂仁、八宿、尼木、曲水、仁布
极高易损性	波密、芒康、左贡、洛隆、扎囊、康马、日喀则、谢通门、白朗、隆子

4.4.2　山洪灾害损失评估

山洪灾害损失通常包括人员伤亡和财产损失两部分。

山洪灾害损失评估是对灾害造成的自然生态和社会经济变异的一种价值判断。灾害作用对象承灾系统是山洪灾害损失评估的信息源。依据灾害评估的实际信息,可从中获取有效信息构成灾害信息系统,信息系统与模型系统耦合可得到灾害评估的结论。山洪灾害损失评估的结论作用于防灾、救灾决策系统,并通过防灾、救灾系统反馈回承灾系统,构成一个闭合的信息反馈路径而形成灾害评估与防灾、救灾决策网络系统。由此可见,山洪灾害损失评估是正确认识灾害,作出救灾、防灾、减灾决策的基础依据。

4.4.2.1　山洪灾害等级划分

某一次山洪灾害中,只要有一个指标满足以下某一级别灾害的分级标准,则将该次山洪灾害定位为该级。山洪灾害分级指标见表4-10。

表4-10　　　　　　　　山洪灾害分级指标表

灾情分级＼分级指标	死亡人数/人	成灾当量人数/人	经济损失/万元	耕地损失/hm²	对人文、生态环境的破坏及影响
轻灾	0	<10	<10	<1	较小
中灾	1～10	10～100	10～100	1～10	较大
重灾	10～100	100～1000	100～1000	10～100	大
特重灾	≥100	≥1000	≥1000	≥100	毁灭性

注:此表摘自《西藏自治区山洪灾害防治规划》(2005—2020年)。

4.4.2.2 山洪灾害损失评估方法

山洪灾害损失评估是通过综合调查、统计、分析等方法,对其造成的社会经济的危害情况作出判断。损失评估的目的,是从社会、经济两个方面对山洪灾害情况作出客观评判。灾害造成的损失应当用量化的数据指标作为标志,并主要以价值量即货币化指标表达其损失程度。

(1)山洪灾害损失评估的基本内容

山洪灾害损失评估的目的,是确定灾害的实际损失和风险损失,其基本内容主要包括以下几个方面:

1)调查:到灾害发生地区对灾害进行勘查,包括勘查灾害的种类、起因,发生的时间和地点,危害的区域范围,危害的具体对象,以及与损失后果评估有关的其他情况。在灾害损失勘查中,评估者可以采用抽样调查、重点调查、典型调查和普查等方式。

2)统计:根据调查资料,对受灾对象按一定规范要求进行人员伤亡、经济损失的统计与汇总。

3)评估:一是从受灾体的角度评价,如人员伤亡评价、物质损害评价、社会损害评价等;二是从与损失事件的关系角度评价,如直接损失与间接损失的划分、评估与计量等;三是从损失承受者的角度评价,如国家或社会损失、企业或单位损失、个人或家庭损失的评估等。

4)核灾:对灾害所造成的损失进行评估后,为了确保损失评估结果的真实、准确,还应当对其复核。

(2)山洪灾害损失评估的指标体系

山洪灾害评估的指标选取,是整个工作的核心之一。建立其指标体系应考虑其实用性,每个指标的概念必须科学、简明,能够从整体上快速反映山洪灾害损失的基本情况,同时选取的指标要有可比性、系统性和代表性。

1)人员伤亡指标

人是生活的主体,一个地区的生产、消费、自然资源的利用以及社会经济生活的协调发展都与人密切相关,这是山洪灾害评估中最重要的指标。山洪灾害对人的影响主要包括死亡、受伤、丧失家园等。

2)经济损失指标

经济损失指标包括建筑物和基础设施系统损失两方面。

建筑物是社会固定资产的一部分,是人们生产、生活所必需的基本物质资料。按结构可分为钢筋混凝土结构、混凝土结构、砖木结构等;按用途可分为厂房、商业营业用房、住宅、办公用房等;按损失对象可分为建筑物损失和室内财产损失等。

基础设施系统包括交通运输、供电系统、通信系统、供气系统、给排水系统等的工程建筑和设备等。

3)农业损失指标

山洪灾害的发生常常淤埋农田,使耕地、林地砂石化,难以恢复耕种,造成土地损失。此外还包括造成的农作物、牲畜的损失。

4.4.2.3 山洪灾害调查与统计

（1）灾害调查

山洪灾害调查是评估工作的第一步。考虑到灾害评估的综合性和系统性,灾害调查内容既包括灾害损失资料,也包括灾害生成和社会经济背景资料。灾害损失资料包括灾害事件发生造成的社会、经济等各项损失、危害与影响;背景资料包括灾害发生的自然背景条件、活动特征、发展趋势以及受灾区的社会、经济等背景资料。

山洪灾害发生后,政府部门会同民政、国土、水利等各有关行业部门和科研人员赴现场进行灾情调查,其主要内容包括人员伤亡、建筑物破坏、生命线工程破坏、农业损失等,将每一要素逐项调查统计,然后汇总得到灾害的总损失。

背景资料重点收集灾区有关社会、经济资料和具体受灾单位的资产、生产状况,特别是灾区的社会总产值、国民收入、财政收入、非生产部门和生产部门的固定资产总值、人均年收入、人均年生活费支出,以及房屋总数和当年播种面积。

（2）灾害统计

进行山洪灾害统计和建立数据库系统,是灾害评估的核心环节。应建立一套完整的灾害统计规范,地市、县级减灾主管部门应设专人分别负责灾害调查与统计工作。灾害区或危险区中机关、企事业单位都必须设立一个灾情调查员。灾情发生后,各单位调查统计员应在较短时间内按规范要求填制报表。统计、评估工作完成后,应立即将灾害和灾情报告抢险救灾指挥部、地区和自治区民政、国土、水利等有关部门。

4.4.3 山洪灾害风险性评估

4.4.3.1 山洪灾害风险图

（1）山洪灾害风险图的作用

山洪灾害风险图是指通过对可能发生的不同频率的山洪灾害进行预测,标示各处灾害的危险程度,为进行山洪灾害风险管理绘制的地图。根据该图并结合区内经济社会发展状况,可以做到:

①合理制定土地利用规划、城乡规划,避免在风险大的区域出现人口与资产的过度集中;

②合理制定防灾指挥方案,避免临危出乱;

③合理确定需要避灾的目的地及路线;

④合理评价各项防灾措施的经济效益;

⑤合理确定不同风险区域的不同防护标准;

⑥合理估算灾害损失。

（2）山洪灾害风险图的绘制

根据山洪特点,考虑实用性和风险图制作的可操作性,按照山洪灾害可能发生的程度和范围,划分危险区、警戒区和安全区。不同风险区因灾害风险程度不同,采取的防灾减灾对策也有差异。

危险区是指山洪灾害发生频率较高,将直接造成区内房屋、设施的严重破坏以及人员伤亡的区域。此区域应严格管理,严禁在此区域搞开发建设。

警戒区是指介于常遇山洪和稀遇山洪影响范围之间的区域。该区域山洪灾害发生频率相对较低,在此居住和修建房屋必须要有防护措施,以减轻灾害危险。若降雨将达临界雨量或雨强,区域内人们需能及时接收到预警信号,紧急有序地撤离,往预先划定好的安全地带转移,避免人员伤亡和财产损失。

安全区是指不受稀遇洪水影响,地质结构比较稳定,可安全居住和从事生产活动的区域。安全区也是危险区、警戒区内人员的避灾场所。

（3）危险区、警戒区和安全区的具体划分

危险区为受 10 年一遇山洪及其诱发的泥石流、滑坡威胁的区域;警戒区为危险区以外,受 100 年一遇山洪及其诱发的泥石流、滑坡威胁的区域;安全区为不受 100 年一遇山洪及其诱发的泥石流、滑坡威胁的区域。

对难以通过频率计算山洪及其诱发的泥石流、滑坡威胁范围的无资料或资料短缺地区:可将常遇山洪及其诱发的泥石流、滑坡威胁范围划为危险区;将危险区以外、历史上曾经发生过的稀遇山洪及其诱发的泥石流、滑坡威胁范围以内的区域划为警戒区;将危险区和警戒区以外的其他地区划为安全区。

4.4.3.2 山洪灾害风险性评估

西藏山洪灾害风险性评估是灾害危险性和社会经济易损性的综合,利用 ARC/INFO 系统的地图叠代功能,进行山洪灾害危险性和社会经济易损性叠代分析。根据叠代分析,确定极高、高、中、低、微度风险级别,由此绘制出西藏山洪灾害风险评价图。山洪灾害风险较高的地区的共同特点是区域地质条件差、灾害点多,人口、基础设施分布较密集。西藏山洪灾害危险区面积统计结果见表 4-11。

表 4-11　　　　　　　　　　　　　　　西藏山洪灾害危险区面积统计结果

地(市)	总面积	微度危险		低度危险		中度危险		高度危险		极高度危险	
		面积/km²	比例/%	面积/km²	比例/%	面积/km²	比例/%	面积/km²	比例/%	面积/km²	比例/%
拉萨	29539	3158	10.69	25026	84.72	184	0.62	1171	3.96		
日喀则	182066	38504	21.15	128199	70.41	11681	6.42	691	0.38	2991	1.64
昌都	108872	1942	1.78	79969	73.45	15546	14.28	6848	6.29	4567	4.19
山南	79288	32112	40.50	37113	46.81	7521	9.49	1683	2.12	859	1.08
林芝	113965	39278	34.46	49892	43.78	19118	16.78	4397	3.86	1280	1.12
那曲	391817	322777	82.38	57531	14.68	11397	2.91	112	0.03		
阿里	296823	263259	88.69	32939	11.10	625	0.21				
合计	1202370	701030	58.30	410669	34.15	66072	5.50	14902	1.24	9697	0.81

4.5　典型风险隐患

　　青藏高原是地球上一个巨大的独特地理单元。它的隆起是近几百万年以来亚洲大陆重大的自然历史事件之一,对其自身和毗邻地区的自然环境和人类活动,乃至全球变化,都有深刻的影响。随着全球气候的波动变暖,青藏高原气候也发生着显著的变化。高原冰川响应气候变化过程而发生着一系列的进退变化,冰川变化主要受气候冷暖的影响。冰川变化导致冰川泥石流发育,进而诱发山体崩塌滑坡或形成堰塞湖,或导致冰湖溃决洪水灾害。因此,在青藏高原特别是西藏境内持续变化中的诸多条冰川已经成为西藏山洪灾害最大风险或隐患。

　　文献[72]在总结我国高山和高原的冰川研究成果后认为,20 世纪以来,随着气候变暖,青藏高原冰川的退缩逐步加剧。可分为几个阶段:第一阶段为 20 世纪上半叶,是冰川前进期或由前进转为后退的时期。第二阶段为 20 世纪 50—60 年代,冰川出现大规模退缩,但并未形成冰川全面退缩。第三阶段为 20 世纪 60 年代末至 70 年代,冰川物质出现正平衡,冰川雪线下降,许多冰川曾出现前进迹象,前进冰川的比例增大,退缩冰川的退缩幅度减小。第四阶段为 20 世纪 80 年代以来,冰川后退重新加剧。第五阶段为 20 世纪 90 年代以来,冰川退缩强于 20 世纪的任何一个时期。1989 年在青藏高原的冰川考察表明,藏东南地区冰川退缩强烈,最明显的例子是藏东南的则普冰川和卡青冰川,但另一些地区仍有前进冰川。而进入 90 年代以后,这些冰川都已由前进转为后退,且冰川的退缩幅度急剧增加。现在虽仍有个别大冰川在前进,但青藏高原冰川基本上转入全面退缩状态,这是 90 年代以来冰川变化的一个重要特征。

　　1989 年从唐古拉冬克玛底冰川钻取了 14m 冰芯,14m 冰芯的时间序列可追溯到

20 世纪 30 年代,姚檀栋等对比研究了唐古拉冰芯中稳定氧同位素的年际变化与西昆仑山古里雅冰帽相同时段浅孔冰芯记录。记录显示,20 世纪 50 年代晚期至 60 年代早期为一暖期。这一暖期前后各有一相对降温时期,这一暖期后的相对降温期的最低点是在 1969 年。这两记录都显示了从 20 世纪 70 年代晚期至 80 年代进一步强化的升温过程,也显示出这次升温是过去 50 多年来最强烈的一次。气候变暖主要发生在 20 世纪 20 年代至 40 年代以及 70 年代中期以来这两个时期,而且近几十年高原地区的气候变暖非常显著[72]。

青藏高原近百年来的气候波动和近几十年来的气候变暖,在其冰川末端的变化中均有明显的反映,从 20 世纪初以来的考察研究都说明:我国西部大多数冰川总趋势是处于退缩状况。

4.5.1 怒江流域冰川隐患

布加岗日属唐古拉山东段,最高峰海拔达 6328m。高耸的地势和丰富的降水使这里成为一个较大的冰川发育中心,其融水汇入怒江。根据冰川编目资料,布加岗日地区共有现代冰川 124 条,其总面积为 184.28km^2,总冰储量为 16.67km^3。对新近获得的唐古拉山东段布加岗日地区小冰期以来的冰川变化资料进行分析,结果表明该地区小冰期最盛时(即 15世纪)冰川总面积和总储量分别为 241.46km^2 和 19.63km^3,目前其面积和储量已分别减少了 23.7% 和 15.1%,并且自小冰期以来有 184 条平均长度约为 0.6km 的小冰川已消失[79,80]。

4.5.2 念青唐古拉山冰川隐患

念青唐古拉山东部和西部的气候截然不同,位于西藏东南部的念青唐古拉山是受季风海洋性气候影响的冰川作用区,而西段地处高原内陆,属大陆性气候区。岗日嘎布南坡的阿扎冰川自本世纪 20 年代以来一直处于退缩状态,至 70 年代的 50 年间冰川末端后退了700m,冰面减薄约 100m,1973 年至 1976 年后退加速,年均退缩量达 65m/a,1976 年至 1980年后退速度有所减缓,但仍达 37.5m/a。密西共和冰川 20 世纪 50 年代至 70 年代的 25 年间末端退缩了 450m。来古冰川也在明显后退,20 世纪 40 年代至 1973 年约 30 年间,冰舌宽度收缩了 116m,在海拔 4110m 处,冰面下降了 43.5m[81]。

4.5.3 喜马拉雅山地区冰川隐患

高原南部的喜马拉雅山区冰川变化观测十分有限。1991 年至 1994 年对希夏邦马峰北坡的抗物热冰川观测表明:该冰川边缘区冰川厚度减薄十分明显,由于迅速减薄导致冰川快速后退。对希夏邦马峰的达索普冰川进行了考察,发现 1968 年至 1997 年该冰川后退了120m,平均每年后退 4m。1997 年至 1998 年的实测后退量也为 3~4m[76,77]。

1959 年至 1960 年对珠穆朗玛峰地区考察时认为,绒布冰川处于退缩状态,1974 年考察发现,东绒布冰川比 1966 年后退 1000m,平均每年 25m。1997 年再次考察时和 1966 年的测量结果对比发现,过去 30 年中,中绒布冰川退缩 270m,东绒布冰川退缩 170m,远东绒布冰川退缩 230m,平均退缩速率分别为 8.7m/a、5.5m/a 和 7.4m/a。这至少说明在 20 世纪 70 年代中后期至 80 年代中绒布冰川有过一定的前进,所以出现退缩量小于 1974 年的结果。2001 年考察发现,1997 年至 2001 年间,中绒布冰川和东绒布冰川的退缩速率较前 30 年略有增大[82]。

文献[83]以西藏喜马拉雅山地区朋曲流域为例,利用 1970 年代中国冰川编目数据、2000/2001 年 ASTER 遥感影像及数字高程模型,得到研究区两期冰川分布图,在 GIS 支持下统计分析冰川变化趋势,结果表明:1970 年代研究区共有冰川 999 条,面积 1461.84km²,冰储量 142.96km³;到 2001 年减少为 900 条,面积 1330.60km²,冰储量 130.95km³。以往研究表明 20 世纪下半叶以来,恒河—雅鲁藏布江流域冰川处于普遍退缩状况。比较两期冰川数据,可发现相同趋势,其中 5O196 子流域冰川退缩最为严重,只有 5O194 子流域内冰川是前进的,但是幅度很小;1970 年代研究区内有 999 条冰川,到 2001 年有 797 条面积减少甚至消失,有 202 条面积轻微增加。整个流域冰川总数减少 10%,总面积减少 8.89%,冰储量减少 8.4%,整体呈现退缩趋势。

西藏羊卓雍湖西南的枪勇冰川,1940 年至 1975 年期间,平均每年以 58.8m 的速率退缩;20 世纪 60 年代晚期至 70 年代初冰舌分为两支,1975 年夏季东支冰舌稳定,至 1979 年 8 月野外实地测量发现,冰川前进了 12.5m,平均每年前进 3.1m;1980 年 5 月考察时发现,不到一年的时间,冰川又前进了 14m;2001 年 5 月再次考察时,我们利用 1975 年测量的冰川图对比,发现冰川末端上升了大约 50m,退缩距离约 90m。冈底斯山中段的淑拉冰川和达布加拉冰川,从 1907 年至 1970 年分别退缩了 1000m 和 300m,平均年退缩量分别为 15.87m/a 和 4.76m/a[84]。

1964 年考察时发现希夏邦玛峰地区的冰川退缩强烈,野博康加勒(达索普)冰川从 19 世纪中叶形成的终碛前端至冰塔末端长约 2000m,平均每年退缩 20m。5 号双冰斗冰川从 19 世纪中叶至 1964 年平均每年退缩约 4m 左右[85]。抗物热冰川退缩也很强烈,1991 年通过测量对比,该冰川从 1976 年至 1991 年后退 60m,平均每年退缩 4m,1991 年 8 月 10 日至 9 月 20 日的 40 天中后退了 0.45m。从 1991 年至 1993 年间,平均每年以 6.36m 的速度在后退[86,87]。1994 年至 1995 年间,以固定标志点观测,平均每年退缩 10m,2001 年 5 月考察时发现,1995 年至 2001 年冰川仍然处于退缩之中,平均每年退缩约 7m。达索普冰川侧面的小冰川末端海拔 5840m,1997 年至 2001 年也达到平均每年 4.5m 的退缩速度[88]。

不同时期高亚洲冰川前进、后退比例见表 4-12。

表 4-12   不同时期高亚洲冰川前进、后退比例

年代	测定冰川总条数	退缩冰川/%	前进冰川/%	稳定冰川/%
1950—1970	116	53.44	30.17	16.37
1970—1980	224	44.2	26.3	29.5
1980—1990	612	90	10	0
1990 至今	612	95	5	0

（资料来自《中国科学 D 辑》2004（34 卷）6 期）

　　90 年代开始的冰川退缩主要有以下几方面的特征：一是原来就处于退缩的冰川，退缩幅度正在加剧；二是原来处于前进状态的冰川，大多数逐渐由前进状态转入后退状态，且退缩幅度越来越大；三是在地球的最高点——珠穆朗玛峰地区，也因全球变暖影响冰川作用过程而出现重大变化。气候变暖使珠穆朗玛峰地区冰川处于退缩状态，在珠穆朗玛峰峰顶这样的极高海拔地区，也已感受到气候变暖对冰川的影响。四是冰川的退缩在不同的区域是不同的。在藏东南地区冰川强烈退缩，但在青藏高原中部及周围地区，冰川退缩幅度较小。从青藏高原内部到边缘地区，冰川退缩幅度逐渐加大。在青藏高原最边缘的藏东南地区，冰川退缩幅度最大。青藏高原地区的气温在明显升高，而气温变化是冰川消融的主要因子。因此，青藏高原冰川全面退缩的主要原因是全球变暖的结果[88]。

　　文献[89]利用冰川长度、面积和体积变化关系，根据已掌握的冰川长度变化资料可知，高亚洲冰川长度在过去 40 年中平均退缩了 5.8%，冰川体积减少了 8.1%，面积减少了 6.3%。由于中国冰川总面积为 59406.15km²，总储量为 5589.76km³，据此可算出中国冰川平均厚度大约为 94m，减少其 8.1% 相当减少 452.770km³，按面积减少 6.3% 则减少了 3790.11km²。由此可算得过去 40 年，中国的冰川平均减薄了 6.8m，相当每年减薄 0.2m。据最近研究，阿拉斯加冰川的变化是每年减薄 0.52m，相比之下高亚洲冰川减薄较少。可以看出，高亚洲冰川储量过去 40 年也减少 324.206km³。如果按照面积减少 6.3% 计算，青藏高原冰川面积 108900km²，则减少了 6860km²。

　　根据综合预测，到 2050 年左右青藏高原温度可比 20 世纪末升高 2.5℃ 左右，其导致冰川强烈消融的夏季升温为 1.4℃，将使平衡线上升 100m 以上，冰舌区消融冰量超过积累区冰运动来的冰量，冰川变薄后退，初期以变薄为主融水量增加，后期冰川面积大幅度减少，融水量衰退，至冰川消亡而停止。青藏高原东南部和横断山系的海洋型冰川区降水量大，冰温高、升温与冰川加剧融化，冰川快速后退，可导致洪水与冰川泥石流大量发生，弊多利少[90]。

　　在对山洪灾害影响的关键因素中，冰川仅次于季风，分布广泛的冰川变化及其活动是导致山洪泥石流形成的最重要动力因子。

　　特别是 2018 年 10 月 17 日凌晨 5 时许，西藏林芝市米林县派镇加拉村下游 7km 处无人区发生山体滑坡，造成雅鲁藏布江断流，形成堰塞湖。险情发生后，西藏疏散撤离受威胁的沿江 7000 余名民众。19 日 13 时许，堰塞湖在蓄积超过 5 亿 m³ 湖水后，坝体开始自然过

流,水位下降,险情一度解除。21日,中国科学院院士、中国科学院青藏高原研究所名誉所长姚檀栋院士带领专家组乘坐直升机在堰塞体上空进行专业观察,确认堰塞体上方分布有16条冰川,17日形成的堰塞湖险情系其中两条冰川冰崩引起,西藏雅鲁藏布江堰塞湖是因为气候变暖诱发冰崩,冰崩引发连锁反应导致河道堵塞,系自然原因。确定了这次山体滑坡的原因,掌握了冰崩发生特点,为今后监测防范类似的自然灾害收集整理了重要依据,以降低灾害带来的损失。

已有文献很少从机理上深入研究前期降雨(升温)—积雪雪线降低—土壤含水量饱和—松散堆积物长期积累—冰川末端泥石流蠕动、冻融侵蚀—冰川积雪严重失稳—冰崩雪崩—山体崩塌—山体滑坡(伴有山体崩塌、泥石流)这一致灾过程。

案例1 易贡山体滑坡泥石流

1. 天气形势分析

2000年4月初,北半球500hPa环流为两槽一脊型,两槽分别位于欧洲东部和贝加尔湖地区,乌拉尔山地区为一宽广的高压脊区,高原为偏北气流,并维持一较强的暖中心。从4月3日开始,随着环流系统的不断东移,高空环流向有利于高原降水形势发展,高原上不断有短波槽活动,其东部地区由偏北气流转为西南气流,暖中心强度进一步加强;到4月6日随着高原西部低压槽快速东移,在高原东部形成了西南暖湿气流和北部冷空气的交汇区,造成降水。7—9日,在林芝市出现的高原小低涡,使降水强度加大。

2. 灾害状况概述

2000年4月9日20时,西藏林芝市易贡乡扎木弄沟内的拉雍嘎布山突然发生了大面积的崩塌滑坡,由山体滑坡引发的巨型滑坡体滑入易贡河,堵塞在河中聚集成坝。根据各方面资料和现场推测,漫顶时库容可过30亿m³,使易贡湖周围2250m以下的泽漠祖村、麻库通村、加朗村、格尼村、沙马村和易贡茶场场部、万通公司木材加工厂、石材厂受到威胁,易贡茶场25km以上的公路被淹没,交通全部中断,受灾人数达4000多人(图4-9)。

(a)2000年易贡特大型山体崩塌滑坡前　　　　(b)2000年易贡特大型山体崩塌滑坡后

遥感影像图　　　　　　　　　　　　　堆积体右岸拍照

（c） 2000 年易贡特大型山体崩塌滑坡后遥感影像图

图 4-9　易贡特大型山体崩塌滑坡（以上图像资料来自《西藏易贡巨型山体崩塌滑坡水文极值事件研究》）

3. 形成这次泥石流的主要原因

（1）这次泥石流发生在易贡藏布流域内，易贡藏布流域属念青唐古拉山系，山岭海拔一般在 5500～6000m。由于受到印度洋暖湿气流的影响，该流域降水丰富（易贡年降水量 960mm），成为青藏高原上现代冰川的发育中心之一，孕育出了我国罕见的海洋性冰川类型，其中长达 32km 的恰青冰川是西藏最长的一条。该地区的大型河流都发源于地质断裂带上（如易贡藏布、帕隆藏布），山崩、滑坡、泥石流等物理地质现象频繁发生，常常使河流堰塞成湖，如然乌错（由于其右岸山体垮塌，阻塞河道而形成）、易贡错（由于 1900 年扎木弄沟的特大泥石流堵塞河道形成）。可见，地质原因是当地自然灾害频繁发生的内在原因。

（2）随着全球气候的变暖，近百年来，青藏高原的冰川一直在以较高的速度退缩，冰川的下界海拔越来越高，雪崩所影响的陆地范围也越来越广。由于地质不稳定，加上冰川退缩区地表松动，泥石流变得容易发生。天气、气候的变化成为了诱发自然灾害的外在原因。2000 年 1—3 月，藏东南地区降水偏少，进入 4 月份后，天气回暖，受北部低压槽的影响，林芝市出现了连续性降水天气，降水较历史同期偏多 5 成至 1 倍，其中 5 日、7 日、9—10 日出现了 10mm 以上的中到大雨降水过程，尤其是 4 月 2 日，该区域附近的察隅降了 86.4mm 的暴雨，是历史次大值（最大值为 90.8mm）。从易贡附近的测站（林芝、波密）情况来看，4 月份该地区气温比常年同期偏高 1～2℃，降水偏多 50% 至 1 倍。气温回升，山体积雪融化较快，加之降水偏多，导致了此次较大面积的泥石流、山体滑坡。

4. 关于 2000 年易贡特大型山体崩塌滑坡的初始动力原因是什么？

一直以来没有明确界定 2000 年易贡特大型山体崩塌滑坡的初始动力原因，气温或降水是发生特大型山体崩塌滑坡的环境影响因子，冰川融水型泥石流或许是山体崩塌滑坡的诱发因子之一，而山体崩塌滑坡也只是整个灾害链中的最主要动力过程，也是关键环节。那么，你能否断定 2000 年易贡特大型山体崩塌滑坡的初始动力不是泥石流，也不是山体崩塌呢？作者认为，这个答案是肯定的。这个过程概化为：前期降雨、升温—积雪雪线降低—土壤含水量饱和—松散堆积物长期积累—扎木弄沟末端泥石流蠕动、冻融侵蚀—山顶冰川积雪严重失稳—冰崩雪崩—山体崩塌—山体滑坡(伴有山体崩塌、泥石流)—堆积体堵江—形成堰塞湖—开挖排洪处置—有效降低水头—下游安全转移防御—预期溃决—溃决洪水损失—恢复重建,在这一过程中,冰崩雪崩是最关键的动力诱发因子。因此,冰川稳定性是最大风险隐患。

案例 2　典型冰湖现场踏勘

(一)那曲地区嘉黎县本措过措

2015 年 7 月 17 日,技术人员对那曲地区嘉黎县本措过措进行现场勘察。本措过措位于那曲地区嘉黎县忠玉乡。17 日上午 9 点,踏勘人员从放牧点步行前往本措过措。沿途踩着巨石堆翻越一座山到达山顶,便可看见本措过措。巨石堆下有暗流通过,爬山行程为 3 小时。本措过措海拔 4700m,面积约为 9000m^2。本措过措四周为土质边坡,均有滑坡现象。湖水平静、浑浊,中午 12 点到达,仍可看到薄薄的浮冰。东侧为雪山,雪山融化,但未看到雪水径流流入湖中。南、北两侧均为山体阻挡。西侧为湖水出口。湖水出口由碎石堆组成,宽度为 5~7m,水流量较小,到下游在碎石堆中穿梭,形成暗流(图 4-10)。

(a)本措过措东北角的雪山

(b)本措过措西北角的碎石堆

(c)本措过措东南侧

(d)本措过措出口

图 4-10　本措过措

（二）那曲地区嘉黎县金乌措

2015 年 7 月 14 日，技术人员在当地村干部及派出所民警的带领下，对那曲地区嘉黎县金乌措进行现场勘察。金乌措位于那曲地区嘉黎县忠玉乡。忠玉乡为特殊河谷地形。金乌措海拔 4440m，三侧环山。东侧山体曾发生土质滑坡；南侧为雪山，因气温升高，雪山冰雪融化，形成溪流沿山体流入湖中；西侧山体为岩质山体，湖边多为块石。金乌措面积约12000m²，因降水原因，湖水浑浊。湖面上漂浮有雪山跌落的冰块。北侧为湖水出口，宽度约为 12m，因高差较大，出水口较小，水流湍急。出口河流中存有大块卵石。整个冰湖估测宽度 180m，长度 260m，面积 46800m²（图 4-11）。

（a）翻越 4600m 高山间俯瞰十二村

（b）金乌措西侧山体

（c）金乌措湖面

（d）金乌措出口

图 4-11　金乌措

（三）那曲地区嘉黎县达隆措

2015 年 7 月 20 日，技术人员在当地村干部的带领下，对那曲地区嘉黎县达隆措进行了现场勘察。

达隆措位于那曲地区嘉黎县忠玉乡。达隆措海拔4700m,呈矩形,面积约为20000m²。达隆措三面环山,距湖面15m高范围内的山体存在滑坡现象。雪山一侧,由于气温升高,冰雪消融,形成小溪径流汇入达隆措。达隆措出口宽15～20m,坡度较大,水流湍急。出口下游卵石、块石较多,将水流分流,流速减缓(图4-12)。

（a）达隆措牧区两侧的山体

（b）达隆措一侧的雪山及滑坡

（c）达隆措另一侧的滑坡山体

（d）达隆措出口

图4-12　达隆措

案例3　芒康县的山体滑坡

1.天气形势分析

2000年4月中旬,在北半球500hPa环流图上,欧亚地区以经向环流为主,在东亚地区为深厚的东亚大槽,副热带高压较强,在90′E附近有南支槽存在。22日起,在巴湖地区的低压槽开始东移,在高原东部的昌都市形成高原切变线,此时南支槽稳定加强,副热带高压强烈西伸,脊点位置到达100′E以西,不断有西南暖湿气流沿高压边缘向高原输送水汽,在高原东部地区冷暖交汇,形成降水。这段时期芒康站降水虽不明显,但西藏东部地区基本处于连阴雨天气,气温也快速回升,由前期 0℃ 以下快速上升到 0℃ 以上,使得积雪融化,土壤松动,加之降水频繁,引发山体滑坡。

2. 受灾情况

2000 年 4 月以来,由于受北方冷空气和南方暖湿气流的共同影响,昌都市出现了连续性的雨雪天气,全地区死亡各类牲畜 46647 头(只、匹),其中芒康县的昂多、洛尼、宗西、戈波、竹巴笼 5 个乡受灾较重,造成川藏南线(318 国道)交通中断约 50 天。

案例 4　年楚河流域洪水灾害

1. 天气形势分析

2000 年 8 月,北半球 500hPa 环流图上,欧亚地区经向环流明显,伊朗高压较强,孟加拉湾低压云系活跃。一方面,高原西北部不断有低压槽分裂东移影响高原或伊朗高压加强东伸,分裂高压单体;另一方面,孟加拉湾水汽从 90′E 以西向高原输送,使得高原水汽充沛。从 8 月中旬开始,在年楚河流域和拉萨河流域不断有高原切变线或高原低涡出现,产生降水。尤其在 8 月 25 日,高原上被较强的高压单体控制,在印度半岛有一热带低压发展,27 日 08 时原来控制高原的高压分裂为两个小的高压单体,位于 80′E、15′N 印度低压的外围云系的暖湿气流涌向高原,在日喀则市年楚河有一较强的高原切变线,加之其南部出现高原低涡,使降水进一步加大。

2. 受灾情况

2000 年汛期,西藏地区为降水偏多年份。2000 年 5 月以来,日喀则市出现持续性降水天气,其雨季开始期较常年偏早,特别是 7 月 28 日—8 月 1 日、8 月下旬出现了两次强降水过程,在 8 月下旬,年楚河流域的康马、江孜、白朗和日喀则四县市也经历了大范围的强降水天气过程。从统计结果可知,7、8 月,江孜县降雨量高出正常年份 72.9mm、日喀则市高出常年 145.9mm,加之 8 月下旬年楚河上游高山地区普降中雪,致使年楚河水量增大、河床抬高,水位猛涨,形成多次大的洪峰,各主要支流同期也发生暴雨洪水。沿河两岸水利设施损失惨重,有些设施毁于一旦,经济损失约 6.6 亿元。

5 山洪灾害预警机制

山洪灾害预警及防治机制研究内容主要包括非工程措施和工程措施。非工程措施即信息系统,包括监测、通信、决策支持系统以及信息数据库系统研究。

西藏的山洪灾害主要以小型为主,数量多、分布广,具有突发性强、水量集中、破坏力大的特点。在地域分布上,与地质环境条件有关,多发生在断层和断裂特别发育的地带以及现代冰川和冰湖发育的广大地区;在时间上,多发生在多雨月份和多雨季节,一年中 6—8 月发生的山洪灾害占 80% 以上。通过近几十年的不断建设,西藏无论在非工程措施方面还是在工程措施方面对山洪灾害防治都采取了一些措施,但由于灾害分布广,且大量的危险点遍布偏僻山区,使得已有的水文、气象以及地质环境监测点远不能满足监测需要,对山洪灾害仍缺乏有效的监测措施;灾情资料传输通信系统、预警预报系统及决策系统不健全;由于灾害的危害程度大,现有的防洪工程仍存在着标准低、质量差的问题,病险水库的加固形势依然严峻,山洪沟、泥石流沟以及滑坡急需治理;在对山洪灾害的防治中,进行防灾预案、救灾措施以及政策法规等建设方面不够精细,操作性不强。

山洪灾害防治就是利用非工程措施与工程措施,减少或避免山洪灾害给人民生命财产和国民经济造成的损失。由于西藏地域广阔,城镇和山洪灾害威胁区人口较为集中,因此,结合西藏实际,本次研究以非工程措施、搬迁避让措施为主,以工程措施为辅,搬迁避让措施与西藏小城镇建设有机结合。

5.1 山洪灾害防治现状

5.1.1 山洪防治现状

西藏是山洪、山体滑坡、泥石流等自然灾害频繁发生的地区,人口集中的城镇和大部分农田主要分布在江河沿岸的河谷地带。西藏首府拉萨市位于拉萨河中段北侧;日喀则市东邻年楚河,北依雅鲁藏布江;山南泽当镇位于雅鲁藏布江南岸与雅砻河汇合处;林芝八一镇地处尼洋河畔;昌都镇建在昂曲、扎曲两河流汇合处。防洪工程对城镇、农田的安全至关重要。

1998 年大洪水以后到 2003 年底,在短短的五年里,西藏已建成城镇堤防工程 28 处,总长 174km,但主要集中分布在各地(市)、县重要城镇。绝大部分乡村、小流域几乎无堤防建设。

5.1.2 泥石流灾害防治现状

近年来西藏自治区泥石流灾害频繁发生,造成了较大的人员伤亡和财产损失,境内的主要交通干线也因为受泥石流的危害而经常断道。对此,区发改委、区自然资源厅和区交通厅等部门通过多种渠道对一些危害较大的泥石流灾害进行了治理,目前已完成重大泥石流灾害点治理的有拉萨市流沙河夺底沟泥石流、八一电厂沟二级电站后山泥石流、琼结县城滑坡泥石流、波密县城泥石流的一期治理工程,青藏公路拉萨至羊八井段的泥石流灾害也基本上得到了治理,318 国道曲水至大竹卡段、川藏公路昌都至妥坝段的泥石流灾害的治理工程目前正在实施中,但绝大部分小流域尚未治理。

5.1.3 非工程措施现状

西藏自治区防洪非工程措施主要包括水情、雨情、工情、旱情、灾情等信息的采集、传输及处理系统。全区水文、气象部门已建成气象台站 38 处、水文站 42 处、水位站 8 处、雨量观测站 67 处、地下水观测站 31 处。目前已建成国家防汛抗旱指挥系统拉萨水情分中心示范区工程、拉萨市流沙河超短波水文监测系统、多普勒天气雷达站等监测系统。

西藏地质灾害监测工作起步较晚,作为地质灾害监测的专业部门,西藏自治区地质环境监测总站成立于 2002 年,以往仅在拉萨市和日喀则市开展了地下水环境监测,范围较小。随着各个地区地质环境监测分站的相继建立和各级政府对地质灾害的重视,地质灾害监测已逐步进入规范化。目前,仅在完成了地质灾害调查与区划工作的 15 个县(市)中建立了群测群防系统,每个点就地指派了监测负责人和责任人,并确立了灾害发生时的防灾、避灾措施,其余县(市)也将陆续开展此项工作。

5.2 防灾形势

5.2.1 山洪防灾形势

根据初步调查研究,西藏境内历史上曾发生过 2600 多次山洪灾害,其中,日喀则占 33.4%,林芝和山南各占 20%,昌都占 17.3%,那曲占 4.6%,拉萨占 4.2%,阿里占 0.5%。全区广泛分布有 2483 座冰湖,其中具有潜在溃决风险冰湖 219 座,占 8.8%。历史上曾发生的冰湖溃决事件中,7—9 月发生概率占全年的 85%,其中 7 月占 35%,8 月占 35%,9 月占 15%。按照地区分别统计,日喀则占 60%,山南占 20%,林芝占 10%,那曲和昌都各占 5%。

调查划定危险区 8891 处,无线预警广播站 2887 个。其中,危险区标绘、转移路线标绘、安置点标绘 8891 处。目前,日喀则市、八一镇、昌都镇、那曲镇、狮泉河镇等 6 个地区行署所

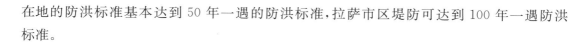

在地的防洪标准基本达到 50 年一遇的防洪标准,拉萨市区堤防可达到 100 年一遇防洪标准。

5.2.2 泥石流、滑坡防灾形势

西藏自治区泥石流、滑坡灾害分布范围广,数量多,危害大。少部分危害极大的灾害点虽得到了治理,但绝大多数灾害点基本上未实施治理工程,或仅有一些简易的防护措施,规划区内的泽当镇、昌都镇、全区大部分县城及重要公路干线、边境公路仍处在泥石流、滑坡灾害的威胁中。

从已掌握的资料来看,泽当镇的泥石流、昌都镇的夏通街滑坡、波密县城的泥石流、八宿县城的泥石流、洛扎县城的滑坡、萨嘎县城的泥石流等均是规模较大、危害十分严重的灾害,青藏公路西藏段、中尼公路、俗坡下至马及墩边防公路、洛扎县境内边境公路因泥石流、滑坡的危害,造成全年只能部分时段通车。

较为分散、危害相对较小的大多数泥石流、滑坡灾害,其危害对象主要以村庄、农田和乡村公路为主,但这些灾害点多数稳定性差,形成灾害的概率较高。

总体上看,西藏的泥石流、滑坡灾害的防灾形势是十分严峻的。

5.2.3 非工程措施防灾形势

山洪灾害防治非工程措施,主要包括:水文、气象、地质环境监测、生态修复、水土保持措施建设,汛情信息采集、发送、传输及处理系统,以及洪水预报、水库洪水调度、灾害天气预报等。

目前,西藏水文、气象、地质环境监测工作薄弱,站点稀少,站网严重不足,给灾害预警预报造成了严重影响。

5.3 山洪灾害信息采集与传输系统

信息系统是山洪灾害防治的一项重要非工程措施。系统的建立将为预见山洪灾害的发生、有效减少或避免山洪灾害导致的人员伤亡和财产损失提供重要支撑。系统研究的目标是,建立一个覆盖西藏全境的山洪灾害信息系统,实现信息获取、整理、应用和传播的现代化,掌握全区基础背景信息、山洪灾害动态,为决策部门提供及时的、可更新的、准确的减灾背景信息以及减灾工程功能信息,使决策部门能科学地评价山洪灾害危害、发展趋势以及减灾效益,提出山洪灾害预防、治理的建议。

(1)系统建设应将减少或避免山洪灾害造成人员伤亡作为首要任务。

(2)系统应充分利用现有资源,满足山洪灾害预警业务需要。充分利用现有气象站网、水文站网、地质灾害站网、通信系统及信息网络以及现有的预警信息监视分析、加工处理、产品制作系统,在此基础上开展监测、通信及预警系统规划,以满足山洪灾害预报预警的需要。

（3）系统应体现监测、通信及预警系统一体化，做到高效、快速服务于社会。气象、水文、地质灾害信息监测可分专业分系统规划，要实现山洪灾害防治信息共享。

（4）系统布局要合理。在对山洪灾害防治区气象、水文、地形地质条件、灾害发生特点及规律进行广泛深入调查分析的基础上，合理布设监测、预警站网，确定通信方式及通信网结构，突出重点、兼顾一般，满足不同区域山洪灾害防治对系统的要求。

5.3.1 山洪灾害监测系统

5.3.1.1 基本情况

山洪灾害监测系统是山洪灾害防治系统的基础，西藏自治区目前山洪灾害监测站网主要以气象、水文、地质监测系统为主，监测站网密度低，仅有站点主要集中在大江大河和主要城镇上。

西藏已初步建成了一个较为完善的基本气象水文站网体系。全区水文气象部门已建成气象台站 38 处、水文站 42 处、水位站 8 处、雨量观测站 67 处、地下水观测站 31 处。2000 年开工建设的国家防汛抗旱指挥系统拉萨水情分中心示范区工程，其主要水文监测站点分布在雅鲁藏布江、怒江、澜沧江以及雅鲁藏布江支流年楚河、拉萨河、尼洋河上，在小流域上几乎无水文气象站分布。拉萨水情分中心示范区建设工程范围为 1 个分中心和 15 个中央报汛站，分中心设在西藏自治区水文水资源勘测局，工程竣工后显著提高了水文预报能力和监测水平。

1994 年拉萨市流沙河超短波水文监测系统的成功建设，为西藏小流域水文监测系统建设提供了一个良好的建设和技术运用典范，从而使西藏山洪灾害防治系统的预报、服务水平登上一个新的台阶。

5.3.2 山洪灾害通信系统

5.3.2.1 构建原则

（1）根据山洪灾害防治信息传输实际需求，结合山洪灾害防治区内气象条件、自然地理环境、现有通信资源、供电状况、居民点分布等具体情况，因地制宜地选择、确定通信方式，以保证通信系统的实用性、可操作性和时效性；在通信网规划中，选择专网、公网相结合，并充分利用现有的通信资源，避免重复建设，节省投资。

（2）传输通信方式、通信设备的选择，要保证气象、水文、泥石流、滑坡及冰川湖泊信息传输的可靠性，特别是能经受住暴风雨所造成的危害；保证山洪灾害信息反馈、抢救灾决策信息畅通和警报传输的实时性，使受到山洪灾害威胁的居民能及时地获知警报，尽快采取应急措施。

（3）实用、可靠、先进、易操作。根据山洪灾害防治信息的特性和防灾减灾工作对通信系

统的要求,合理选用通信手段,满足山洪灾害防治监测信息实时性和可靠性的要求。

5.3.2.2 系统结构

山洪灾害防治通信系统将为监测站(包括气象、水文、泥石流、滑坡)与各级专业部门之间、各级专业部门与各级防汛指挥部之间的信息传输、信息交换提供平台。为防汛指挥调度指令的下达、灾情信息的上传、灾情会商、山洪警报传输和信息反馈提供通信保障等。

山洪灾害防治通信系统分为主干通信网、二级通信网。主干通信网包括县防汛指挥部至地(市)、自治区防汛办公室、国家防总之间的通信,各个专业内部与县级以上部门的纵向通信,以及各级专业部门与各级防汛指挥部之间、各级专业部门之间进行信息交换的通信;二级通信网为各专业山洪灾害监测站至各县、地(市)、自治区级专业部门的信息传输提供通道。

通过山洪灾害防治通信系统建设,实现山洪灾害防治区气象、水文、泥石流、滑坡及冰川湖泊等监测信息的实时传输,确保信息及时上报,防灾减灾指挥命令迅速下达,山洪警报及时发布。

以西藏自治区山洪灾害防治信息中心作为整个全区山洪信息处理中心,主要完成收集、汇总、分析、会商、信息发布等任务。各地(市)山洪灾害防治中心作为片区信息处理分中心。

5.3.2.3 通信方式

(1)通信方式选择的主要原则

每一种通信方式都有一定的适用范围,各有长短。山洪灾害防治通信系统建设必须遵循如下主要原则:

1)坚持邮电公用网和各专业专用网相结合、互通互连、有线无线双保险的原则组建通信网,应充分利用现有的通信资源。

2)在防汛通信网建设中,以满足山洪灾害防治工作为第一需要,同时亦要为气象、水文及地质环境监测办公自动化和其他业务部门提供通信服务。

3)按照实用、先进、可靠、经济的原则要求,根据山洪灾害防治需要和地理条件,因地制宜地自建专用无线信道,通信方式可选择超短波、微波(卫星)通信。

(2)主干通信网的通信系统

本系统各部门各专业都已建设了相应的信息网络。因此,在山洪灾害防治的通信系统建设中,应充分利用现有的资源,进行必要的优化和完善。

1)光纤通信:利用电信部门已建的光纤通信资源,主要建立自治区山洪灾害防灾减灾指挥部至7个地(市)山洪灾害防灾减灾指挥部的通信电路。

2)一点多址数字微波:数字微波及一点多址通信用于流域内部的重点河道,是山洪灾害防治指挥、抢险救灾、生产办公的重要通信手段。根据西藏自治区山洪灾害防治区的划分范围,可在藏东"三江"流域和藏中"一江三河"流域分别建立一个微波通信电路。

3)集群移动通信:集群移动通信由昌都、林芝、拉萨市、山南和日喀则五个基层站和手机构成。各基层站通过数字微波互联,实现跨区域自动漫游通信。

4)指挥系统:在地(市)以上安装网络电视会议系统,可实现上下指挥部之间的异地电视会商;山洪灾害防治指挥系统是山洪灾害信息化建设的重要组成部分。通过该系统,形成会商网络,使各方与会人员犹如身临会议现场,实现了面对面的沟通和会商。使山洪灾害防灾减灾指挥人员和专家及时直观地了解基层情况,对出现的问题进行分析,讨论制定方案,保证人民生命安全及防洪工程等安全。

(3)二级通信网的通信系统

1)通信网:气象、水文和地质监测站中,建设 VSAT 卫星、神州天鸿卫星、海事卫星 C、气象卫星、超短波(VHF)、程控电话(PSTN)、GSM 短信等多种通信信道。

2)现有气象、水文、泥石流和滑坡灾害监测站等基层站,如果本身没有配备卫星传输设备,则可以通过短波和超短波方式进行通信;有些站本身具备了卫星传输系统,各类信息可以利用原有的信道进行通信。

3)监测站较密集的地方,可以设置集合转发站,接收邻近监测站的信息,然后将信息传输到分中心。这样可以缓解一个分中心在同一时段内面对众多监测站难以建立通信链路的矛盾。通过电话、超短波电台向分中心进行通信。

4)在有线电话和覆盖手机信号两者均不具备的监测站,配备县专业部门与各监测点之间的超短波电台。

5.3.2.4　组网方式

(1)使用 DDN 技术、分组交换技术和帧中继技术组网。山洪灾害防治区计算机局域网宜采用客户机/服务机网络类型,拓扑结构采用星型结构,组网技术采用快速以太网、ATM或千兆以太网技术,网络协议为 TCP/IP 协议,传输设备采用双绞线或光缆、光纤,传送信号采用交换机或集线器,网络操作系统采用 Unix、Windows NT 或 Linux。

1)山洪灾害防治计算机局域网采用以山洪灾害防灾减灾指挥部门(防汛办)为中心的星形网络结构,并采用有线组网为主、无线组网备份两种组网方式。

2)对于有线组网,各局域网之间的组网信道可选用帧中继为主、PSTN 备份,网络互联设备可选用 Modem 和路由器,协议采用 TCP/IP 协议、帧中继协议及 PSTN 协议;对于无线组网,利用无线网桥连接各局域网,通过无线网桥传收器和发射天线经电磁波传输信息。

(2)广域网:以山洪灾害防治区为基点,上连国家防总,下连自治区防汛办公室、地(市)防汛指挥部、县防汛指挥部与信息采集点的网络。建成包括自治区防汛办公室至国家防总、自治区防汛办公室至地(市)防汛指挥部 4 条骨干网。支线网由地方规划建设。

(3)局域网:由自治区山洪灾害防治信息中心、地(市)信息分中心、信息采集点内部的计算机互联而成的网络。为确保网络有序、高效地运行,针对信息网络的复杂性、异构性和设备多样性,网络系统采用分步—集中相结合的系统管理模式。

5.4 山洪灾害预报预警系统

按照预警系统制作及不同的发布行业,山洪灾害预警系统可分为山洪气象预警系统、山洪水文预警系统和山洪地质预警系统。山洪气象预报由各级气象预报职能机构制作发布,其制作基础是降水预报(通过成灾雨强分析,发布灾害气象预报),同时考虑山洪地域性和地形地貌特征;山洪水文预报由各级水文部门制作发布,其制作基础是实测雨情资料和流域水文地质条件;山洪地质预报由各级地质灾害监督机构制作发布,其制作基础是地质资料和气象预报结果。

为加强山洪灾害预报,减少灾害损失,三类预报相辅相成,尤其应加强相互配合,协调发布预报。当预报即将发生严重山洪灾害时,为动员可能受灾群众迅速进行应变行动所发布的警报叫山洪警报。通过发布警报,可使受灾区的居民即时撤离,并尽可能地将财产、设备和牲畜等转移至安全地区,从而减少受灾区的生命财产损失。

5.4.1 气象预报

西藏自治区山洪灾害气候预警系统的开发目标是要在与国土、水利等部门的协作与合作下,建立翔实可靠的全区山洪灾害隐患点资料数据库,在研究降水诱发山洪灾害的机制及其预警技术方法的基础上,充分利用气象部门已有的气象观测、监测网和气象卫星、雷达等先进的监测手段和气象实时资料,以先进的"3S"系统为技术平台,应用先进的计算机软件技术、数据库技术、图形图像技术等,开发研制可操作性、实用性强的山洪灾害气候条件实时预警系统,对全区各地可能引发山洪灾害的气候条件实施动态监测和预警,输出和发布多种形式的灾害预警产品,迅速及时地向政府和有关部门提供山洪灾害气候预警服务,为防灾减灾部门提供客观科学的决策依据。

(1)资料收集处理和数据库建设

本系统的开发在取得原始资料的基础上(包括山洪灾害灾情资料、气象资料及地质灾害隐患点区划资料等),对所有收集到的原始资料进行分析处理,建立相关的历史资料数据库,为了实现灾害实时预警还要建立实时资料数据库,并进行实时资料自动入库处理,这是整个系统开发的第一步。在国土、民政等部门的支持下,对尽可能收集到的各种相关资料进行分析处理,初步建立全区山洪灾害灾情数据库、全区山洪灾害隐患点数据库、全区逐日降水资料数据库等。以上数据库的开发将为整个预警系统的研制开发打下良好的基础。

数据库系统主要包括以下方面:

1)灾害背景数据库

根据调查资料建立山洪灾害数据库,包括灾害点和易发程度分区内容;灾害点数据库用以记录已发生的山洪灾害点或危险地带的基本情况。灾害类型包括：山洪、滑坡、泥石流。各山洪灾害点数据包括地理位置、行政位置、灾害发生时间、活动历史、发生规模和潜在规模、影响范围、已造成的危害和潜在危害、山洪环境条件、灾害诱发因素和形成机理等内容。

易发程度分区，反映各地发生山洪灾害的难易程度，为面状分布。易发程度分区数据包括：地理位置、面积、地层岩性、已发生灾害点数及其规模、危险点和隐患点数量与规模、危害等内容。

数据库主要功能：一是储存资料；二是供分析灾害历史、灾害发育分布特征、建立预报模型、辨识模型参数和预报分析使用。

2）山洪背景资料数据库

山洪背景资料数据库主要包括以下5个方面资料：地形地貌，包括地貌成因类型分区、地貌分区、坡度分区等；岩土体类型，包括岩土体类型分区、各区岩土体的物理力学性质、厚度等；地质构造，包括褶皱、断裂和新构造运动、地震区划等；水文地质，包括含水岩组的分布、富水性、含水层厚度等；航片、卫片等遥感资料。

3）社会经济状况数据库

社会经济数据包括：水利、交通、通信、矿山等基础设施的分布，各地的人口密度，国民产值，城镇分布等资料，作为分析山洪灾害受害对象及风险性的参考依据。

4）地理背景数据库

建立1：5万地理背景数据库，数据库包括自治区、地（市）、县、乡行政边界，地（市）、县、乡、村居民点，铁路、国道、省（市、县、乡、村）级公路，等高线，河流水系等。地理背景数据类型为 Arc/info 支持下的 E00 格式。

5）气象资料数据库

气象资料数据库能支持网页查询，同时能存储其他预报服务产品和加工产品，供用户通过浏览器方式共享调用。

气象资料数据库能支持客户查询。为了保证资料库的安全，一般用户不能直接对数据库进行读写访问，用户的各项服务通过存储服务器来完成。当用户发出了查询请求指令后，由存取服务器应用系统程序来对数据库进行查询、统计、绘图、制表，并将查询统计结果处理成网页形式返给用户，存储服务器可以起到防火墙的功能，防止网络文件服务器上的数据遭到破坏。

（2）山洪灾害监测信息采集、分析、监视系统

建立山洪灾害实时天气监测和预报警报业务平台，平台以 MICAPS 工作站为依托获取各种信息资料，以数值预报产品为基础，综合分析运用多种方法和信息，根据山洪灾害实时天气监测和预报警报业务流程，实时制作并发布山洪灾害预报警报。建立适合自治区、地（市）级山洪灾害预警业务工作需要的信息采集系统和山洪灾害实时分析、监视系统。

（3）山洪灾害短时预警业务系统

建立适合自治区、地（市）级山洪灾害预警业务需要的短时临近（1～12 小时内，每隔 3 小时时段）预警业务系统。此系统在实时采集山洪灾害预警业务所需的探测以及其他的加工信息产品的基础上，利用山洪灾害预警业务研究的专用预警技术方法和常规短时天气分析、监视、预警手段，自动报警并制作、提供和发布突发性强降雨和山洪灾害临近预警警报。

（4）山洪灾害短、中期预报业务系统

建立适合自治区、地（市）级山洪灾害短、中期（3 天内，每隔 12 小时时段；4～7 天，每隔 24 小时时段）预警业务系统。此系统在及时采集山洪灾害预报业务所需的探测以及其他信息加工产品的基础上，利用山洪灾害预报业务研究的专用预报技术方法和常规短、中期天气分析、监视、预报手段，制作、提供和发布强降雨过程和山洪灾害趋势预报。

（5）山洪灾害长期气候预测业务系统

研究山洪灾害长期气候预测技术方法，建立山洪灾害长期气候预测业务系统，开展山洪灾害长期气候预测业务。具体包括：每年年底提供来年洪涝分布和旱涝年度气候展望，这种长时段的预测信息可供决策部门规划山洪灾害的防御；汛期气候预警在春季提供，内容是当年夏季洪涝分布和旱涝年景预测，汛期是山洪灾害多发期，这种预测可为各级政府在汛前作好山洪灾害防御准备提供决策依据；夏季每月气候预测在上月底提供，内容是下月洪涝分布和旱涝状况，是对汛期季度预警的细化和跟踪服务，同时也为中短期天气预警提供参考信息。

（6）山洪灾害气象警报制作系统

建立适合自治区、地（市）、县（区、市）级山洪灾害预警业务工作需要的山洪灾害气象警报制作系统，利用短、中期天气分析、监视和预报手段，制作、提供和发布山洪灾害气象警报。

（7）业务机构和工作任务

建立自治区、地（市）、县（区、市）三级山洪灾害预报预警，逐级指导预报预警业务和自治区、地（市）、县（区、市）三级服务，以自治区级为中心的山洪灾害防治服务业务体系。各级具体任务如下：

1）建立地（市）级山洪灾害预警业务服务中心：给合本地特点，在补充、修订自治区级山洪灾害预警产品的基础上，结合本地特点，采用多种方法，做好本地区山洪灾害预警服务工作，并指导县（区、市）气象台站做好山洪灾害服务工作。

2）建立县（区、市）级山洪灾害预警业务服务中心：承担所辖区域的山洪灾害预警服务工作。

（8）系统的集成

山洪灾害预警系统是一个地域范围广、信息量极大的复杂系统，它涉及信息的采集、传输、储存、处理和提供服务等多个环节,要在计算机网络技术和分布式数据库系统的支持下,在开放性好、集成环境和技术优良的软硬件平台上,体现出精干、高效、职责分明、信息资源共享,将各个子系统集成一体,充分发挥气象部门的信息和技术优势,为各级政府、部门和社会公众提供优质的山洪灾害预警服务产品。

1)系统集成的总体方案

山洪灾害预警系统采用客户/服务器和浏览/服务器模式进行系统集成。区(市)级山洪灾害预警业务服务中心局域网的数据量大、信息量大、功能要求多,可采用多客户机/主从式多服务器模式建立;地(市)级山洪灾害预警业务服务中心可根据实际需要将多种服务器在物理上共用或独立,建立自己的服务器为多客户提供服务。通过远程登录、文件传输与访问,可以在地理分散的异种网之间,在对话层和应用层上提供各子网间的联系,通过 TCP/IP 协议实现传输与网络层的联系,这样可以将整个系统有机连接,构成系统集成的网络基础。在集成技术好的工具软件上,开发出集成系统软件,把各部分的功能有机结合,并通过视音频控制台将图、文、声、像等多媒体信息展示出来。

2)计算机网络

区到地(市)局采用 2M SDH 数字电路,连接成一个高速的广域网络,县局和自治区局、地(市)局采用 ADSL 宽带网络连接,上传速率可达 128kbps。自治区局通过千兆以太网络作为骨干网,100M 交换到桌面,自治区局连接成高速局域网络。地(市)局以百兆以太网作为骨干网,10/100M 交换到桌面,地(市)局连接成快速局域网。

(9)地理信息系统(GIS)

地理信息系统(GIS)将完成整个地图的录入、编辑、显示,并与数据库管理系统相结合,可以对模型所需的所有信息进行分析管理,特别是具有很强的空间数据管理能力,将传统的单点数据运算拓展为三维空间数据运算,并完成空间查询处理。

5.4.2 水文预报系统

(1)系统研究

在地(市)、自治区业务部门建立所辖水文预报系统,实时收集流域内的降水量、水位、流量、卫星云图、下垫面因素等信息,采用水文预报模型,开发利用计算机进行水文预报的软件系统。由于山洪灾害主要发生在山区小流域,小流域具有汇流快、涨幅大、坡陡流急容易形成灾害等特点,必须收集流域内的水文、雨量、地形测绘、土壤植被等相关资料,分析其产汇流机制,建立基于流域地质、地貌、水文、降水特性的产汇流模型系统,根据小流域洪水的特点进行预报方法研究、预报方案编制、系统软件开发,建立水文预报模型系统,开展实时水文预报业务,发布预报站点的水位、流量预报,并以此制作和发布山洪预报和警报系统。因区域小、预报预见期短,为增长预见期,要充分利用气象预报产品进行气象水文耦合预报,发布预见期较长和精度较高的山洪水文预报[91]。

传统 BP 网络需要预先设定网络隐含层的层数和每层的节点数,使得在预测过程中难以确定网络的最优结构。与之相反,梯级—关联算法(CC)要求初始网络仅含有输入层和输出层,通过运算不断向网络增加隐含节点。在介绍梯级—关联算法原理的基础上,分别运用梯级—关联算法和 BP 算法对拉萨河拉萨站的月流量进行了预测,结果显示:在不损失预测精度的前提下,梯级—关联算法的运算次数仅为 5 次,而 BP 算法则需要运算 70000 次,运算效率有很大的提高,同时网络的规模也有所减小[92]。

根据不同的地理条件,下垫面、降水和水文规律特性可分为以下几种情况:

1)流域属于湿润、半湿润地区,植被条件较好,地形相对较平坦的山洪沟以新安江模型为理论依据,采用现代洪水预报技术,开发实时山洪水文预报系统,进行山洪预报作业。以萨克拉门托模型为理论基础,采用现代洪水预报技术,开发实时山洪水文校核预报系统,进行山洪校核预报工作。

2)流域属于干旱、半干旱地区,植被条件较差,地形复杂的山洪沟以萨克拉门托模型为理论依据,采用现代洪水预报技术,开发实时山洪水文预报系统,进行山洪预报作业。以API 模型为理论基础,采用现代洪水预报技术,开发实时山洪水文校核预报系统,进行山洪校核预报工作。

(2)系统集成

水文预报系统是一个比较复杂的系统,它涉及信息的收集、传输、储存、处理和服务等环节。要在计算机网络技术和分布式数据库系统支持下,在良好的软硬件平台基础上来实现。

1)计算机网络:在地(市)到自治区级的水文部门之间建立高速的广域网络,区水文部门之间建立高速局域网络。

2)数据库:对与洪水预报相关的一些水文、气象信息(如降水、水位、流量、蒸发、地理特征值等),以数据库的形式存储管理起来,为预报提供基础信息服务。

5)预见期:水文预报的预见期可根据有关部门的要求和具体预报方法的限定条件来确定。一般来说可划分为短期(24 小时之内)、中期(1～7 天)、长期(7 天以上)。洪水预报以中、短期为主。

5.4.3 泥石流、滑坡预报

泥石流、滑坡预报系统的开发是在气象及水文预报的前提下,结合泥石流、滑坡的危险度区划和监测资料,判定泥石流、滑坡可能发生的区域和强度。当将要发生泥石流、滑坡灾害时,及时将可能受灾区的人员、财产、牲畜等撤离至安全区,达到防灾减灾的目的。

预警体系是一项复杂的系统工程。需建立严密的预警体系和信息网络,才能适时预报,起到防灾减灾的作用。

(1)宣传督导。重点在增强人们的防灾意识,普及山洪、泥石流、滑坡等灾害的科学防治知识,使防灾、减灾工作能够顺利开展。

(2)监测。监测工作是预警的基础,必须长期进行,积累资料,分析态势,提供可靠的预警数据。监测工作走"专群结合"之路,充分调动专业队伍与人民群众的积极性。监测方法不强求一致,应因地制宜、土洋结合、灵活运用,以达到目的为准则。

(3)发放明白卡。以昌都县为例,在国土资源部门开展全县地质灾害调查与区划时,对一些重大地质灾害隐患点,都做了重要地质灾害防灾预案,并发放明白卡。

(4)预报。预报是减灾、防灾的重要手段,要详细搜集归纳整理资料,深入分析研究各种监测数据,掌握灾害的形成机理、诱发因素及活动规律。预报分区域报、单沟报、长期报、短期报和临灾报。重要交通沿线的危险路段标示注意警戒、危急警戒,确保汛期行车安全。根据报警的对象决定不同的报警值和方法。

(5)预防。预防是减灾的最佳举措,投资省,社会经济效益明显。应提高防灾意识,加强经济建设项目的前期论证,进行地质环境评价和地质灾害危险性评估,提前采取搬迁、避让或治理的措施,防患于未然。

(6)严格执行相关法规。保护地质环境,尽量减少人为破坏,促进山体稳定,增加植被,使生态良性循环,为减轻泥石流灾害创造良好环境。

(7)根据泥石流各项监测数据、气象预报、卫星云图分析、天气形势预报等资料,制作泥石流长期、中期、短期发展趋势预报。预警信息由县级以上主管部门发布,紧急情况下由监测人员直接发布预警信息。泥石流预警系统应通过多种手段采集泥石流发生和运动的信息,综合分析,准确发布,以减少或避免人民群众生命财产损失。

1)长期预报:在汛期到来以前,根据采集的监测数据判定形成泥石流、滑坡各因素的变化情况,分析并预报泥石流、滑坡未来的发展趋势,根据泥石流、滑坡的危险度区划制定防灾避灾预案。

2)中期预报:当泥石流、滑坡的各因素向有利于形成方向发展和气象预报系统发布未来3～7天内强降雨警报时,应发布中期泥石流、滑坡危险性预报,同时加强对泥石流、滑坡的监测和群测群防措施,启动地质灾害防灾预案。

3)短期或短时预报:当强降雨接近或可能达到引起泥石流、滑坡发生的临界雨量,或上游沟道洪水明显达到向泥石流、滑坡转化的量时,应发出短期或短时警报,并立即组织可能受灾区人员、财产和牲畜按防灾预案进行转移。

5.4.4 山洪预警系统网络结构

各专业部门负责发布各自所属的山洪灾害的预报,自治区防汛抗旱指挥部办公室负责警报信息的发布。山洪灾害预警系统为山洪灾害威胁区的城镇、乡村、居民点、学校、工矿企业提供山洪灾害预防信息保障。

（1）山洪灾害预警对象

西藏山洪灾害预警对象为山洪灾害易发地。

（2）山洪灾害预警内容

预警内容主要有降雨达到临界值、可能出现大的暴雨、气温异常升高等气象预报信息；由于暴雨而可能造成灾害的山洪过程等水文预报信息；监测到可能发生泥石流或山体滑坡的信息和泥石流或山体滑坡的预报信息等信息。

（3）山洪预警发布方式

通过山洪灾害通信系统、广播网络、电话或手机进行山洪预警信息的发布。

（4）山洪灾害的信息反馈

通过山洪灾害通信系统、广播网络、电话或手机进行山洪预警信息的反馈。

5.5 山洪灾害预警预报

5.5.1 研究现状

洪水预报长期以来一直都是防洪非工程措施建设的核心内容。山洪灾害预警预报作为山洪灾害防治非工程措施的一项重要工作，通过提前判断山洪发生的时间、地点、规模、范围及可能造成的损失等，使山区居民及时得到信息，提前采取措施，最大程度减少人员伤亡和财产损失。提醒当地居民，尤其是地质灾害隐患点附近的居民，注意防范强降水引发的山洪灾害，提醒相关人员做好实时监测、防汛预警和转移避险等防范工作。

（3）山洪预警发布方式

通过山洪灾害通信系统、广播网络、电话或手机进行山洪预警信息的发布。

（4）山洪灾害的信息反馈

通过山洪灾害通信系统、广播网络、电话或手机进行山洪预警信息的反馈。

山洪泥石流灾害预警预报一直是国内外研究的热点，目前，国内外山洪预警预报采取的技术途径主要是通过对山洪的危险性预测判别，研究山洪灾害威胁程度，划分山洪易发区和危险等级，结合监测和预报技术，实时监视暴雨山洪情况，预测山洪发生的时间和危害程度，从而做出山洪的预警预报。

山洪的特性导致在实际模拟和预报作业中，洪峰预报误差往往比较大，即预报误差序列在洪峰处会发生显著突变。与大江大河不同，山丘区中小河流站网偏稀，很多地区都属无资料或缺资料区，实测水文资料匮乏，难以满足现有洪水预报方法和模型的参数率定需要，导致山丘区中小河流洪水预报成为防洪减灾工作中突出的难点，山洪模拟和预报的理论与技术研究目前尚处于初步阶段。

当前，关于山洪泥石流灾害预警预报技术的研究主要包括空间预报技术、时间预报技术以及预警系统的研制。

5.5.1.1　空间预报技术

山洪泥石流灾害的空间预报技术指通过对山洪泥石流沟进行危险度评价，划分危险区，从而确定山洪泥石流危害地区的空间分布。

目前国际上公认的比较科学而实用的空间预报方法是奥地利·H. 奥里茨基提出的"荒溪分类及危险区制图指数法"，主要是在对具体荒溪调查采样的基础上，对相关指标和因子进行综合打分，确定其危险指数，再根据危险指数由高到低分别以红色、黄色及白色区分，以便发生灾害时采取必要的针对措施，达到预警预报的目的。在我国，许多学者也对山洪灾害空间预报技术进行了探索。在分析中国山洪灾害成因、特点、分布特征等资料的基础上，对中国山洪灾害危险区的空间分布作了初步研究等；以典型区域为例，以山洪灾害历史因子、影响因子、灾害特点为基础，通过山溪、沟道调查与分类，建立了山洪及泥石流灾害空间预报信息系统，对山洪及泥石流灾害发生的位置及分布范围进行预报[60,93]。

5.5.1.2　时间预报技术

山洪灾害时间预报是预报山洪泥石流的发生时间，它分为中长期预报和实时预报两种。

中长期预报主要确定山洪灾害的发生周期和频率，预测山洪灾害的发展趋势，其关键在于掌握的历史资料情况的多少和资料来源的准确程度。中长期预报对于宏观决策及大型基础设施的建设具有重要作用。

近年来，国内外许多学者在山洪灾害临界雨量值的确定方面也进行了很多有益的探索，归纳起来主要分为经验方法和理论方法两大类。经验方法无明显的物理机理和推导过程，对资料要求不高，主要根据事件相关性、地理条件相似性等原则确定山洪灾害临界雨量指标，其中包括统计归纳法、在无资料或资料缺乏地区使用较多的灾害实例调查法、灾害与降雨同频率法、内插法、比拟法等。

理论方法以山洪灾害形成的水文学、水力学过程为基础，具有较强的物理机制和推导过程，主要包括水位反推法、土壤饱和度—降雨量关系法、暴雨临界曲线法等。

同时众多研究也表明，山洪灾害实时预报不仅要考虑当日（或当次）雨量，还须考虑前期雨量的影响，越来越多学者同时考虑两者的共同作用，提出多因子临界雨量组合判别模式，谭炳炎等提出了山洪灾害发生的最大 24 小时雨量、最大 1 小时雨量、最大 10 分钟雨量三者的组合判别模式；文科军等统计分析了北京北部山区降雨强度、发生灾害当日激发雨量、前期实效雨量，并以三者为组合建立泥石流发生的判别方程；丛威青等利用 Logistic 回归模型对当日雨量和前期有效雨量进行分析，提出了降雨型泥石流临界雨量定量分析的方法；也有其他学者利用相同思路进行个别地区的研究[93-95]。

5.5.1.3　山洪灾害预警预报系统

目前，国外建立山洪灾害预警预报系统主要是通过设立传感器感受山洪灾害幅频信号，再通过先进的传输手段建立预警预报系统,空间尺度可做到每一条沟或相邻几条沟的小规模地区的预报预警。

在国内,铁道科学院铁道建筑研究所在分析统计泥石流发生前降雨资料的基础上,确定泥石流发生的"临界雨量值"和"灾害临界线",并设传感器以建立预警预报系统;另外,铁道部门基于 GIS、Visual Fox Pro 开发铁路泥石流预报警报信息系统,并在成昆铁路试行,成效显著;中科院东川泥石流站通过计算机存取收集整理数据,建立泥石流预报模式,利用遥测雨量装置或遥测地声警报器建立了预报预警系统。

计算机技术的发展和应用为时效性很强的山洪滑坡泥石流预警系统的开发提供了有效途径,山洪灾害预警预报技术的研究逐渐与计算机信息系统相结合,成为一个不可分割的整体,如李良等从数据库设计、图形管理、数据采集与输入和系统管理等方面,基于 GIS 开发山洪灾害预警系统;张李苏以 GIS 技术、空间数据库和计算机网络为依托,基于 Web GIS 建立山洪灾害预警系统;水利部开发的中小河流山洪预警预报系统,包括分布式水文模型、动态临界雨量的山洪预警预报方法,以及基于 GIS 的可视化系统[96]。

HIMS(hydro-informatic modeling system)水情预报系统是中科院地理所刘昌明团队研发的流域分布式水文模型。在 20 世纪 70 年代,中科院地理研究所水文室研究组在西北地区做了大量小流域野外实验与分析工作。基于降水入渗实验观测与理论分析,提出了适合我国的降水动态入渗产流模型;在此基础上,融合水循环其他过程,构建了自主产权的流域分布式水文模型;以流域模型为核心,研发了国内水循环综合模拟系统 HIMS;后经不断发展完善,成功研制了基于 HIMS 的水情预报与水资源管理应用平台。近两年,在西藏自治区水情预报项目中,在水文观测资料稀缺条件下解决了水文预报的应用问题[91]。

中国与美国、日本山洪预警指标模型对比见表 5-1。

表 5-1　　　　　　　　　　　　　　山洪预警指标模型对比

国家	山洪预警指标	主要山洪预警模型	山洪预警提前时间/小时	山洪预警模型精度
美国	动态临界雨量、水位、流量	基于水文模型的动态临界雨量模型 FFG	1,2,3,6,12,24	准确率 65%,误报率 32%,漏报率 4%
日本	临界雨量	基于归纳统计的临界雨量法	1~3	预测发生的正确率为 54%,预测不发生的正确率为 5%
中国	临界雨量、水位、流量,正在推广应用动态临界雨量、水位、流量	基于归纳统计的临界雨量法	1~3	

5.5.2 预警预报措施

西藏自治区根据山洪灾害防御现状、项目建设需求,在前期山洪灾害防治的基础上,结合山洪灾害调查评价成果,突出重点、统筹合理地确定了省级山洪灾害防治项目建设任务。对有山洪灾害防治任务的县级山洪灾害监测预警设施设备进行改造升级(提标升级),重点加强了学校等人口密集地区的预警能力建设;充分利用调查评价成果,继续完善各级山洪灾害监测预警系统,延伸县级平台到重点乡镇;升级完善省级监测预警信息管理系统,开展省级数据同步共享试点建设,提供山洪灾害预警信息社会化服务;开展山洪灾害补充调查评价,复核和检验调查评价成果;持续开展群测群防体系建设;开展山洪灾害防治重点县示范建设,从以下几个方面积极做好监测预警工作。

一是抓好汛前排查除险。对各县区河道、水库、淤地坝、山洪易发区、涉河在建工程等开展隐患排查,全面检查工程运行、预案编制、物资储备、队伍建设等情况,对检查中发现的问题,县城明确责任人,对存在问题限期整改,及时转移受威胁地区群众。

二是抓好防汛物资储备。按照"把人民群众生命安全放在第一位"和"宁可备而不用,不可措手不及"的原则,组织开展防汛物资库存情况摸底清查,根据缺口数量,及时组织补充储备。

三是做好防洪保安工作。修订完善防洪预案和抢险方案、应急处置措施,严格执行汛期水库控制计划;加强山洪灾害防治,以非工程措施项目建设为重点;充分发挥已建成的山洪灾害预警系统作用,做好预警预测工作,持续关注水雨情的波动,第一时间将重大天气预报、雨水情、汛情传递到户,切实增强主动防灾能力,对于每次强降雨过程,提前研判、实时发布、全域覆盖;完善城市防洪排涝应急预案和防汛预警机制,做好排险除害工作;对土质疏松易发生山洪泥石流的人员密集区域进行重点监测,充分发挥山洪灾害非工程措施建设项目预警预报作用,确保灾害发生时能够及时转移、及时撤离,保证人民群众的生命财产安全。

西藏自治区 7 个市(地区)、74 个县(区、市)设立了山洪灾害监测预警平台,建设了县级山洪灾害监测预警平台,基本覆盖了所有山洪防治区。由于通信实名制管理和山洪设施管理运行方面沟通脱节等原因,项目建成后部分监测设施通信故障,使得一段时期内监测信息不能即时传输。从设计、运行、管理到运用各个环节看,西藏山洪灾害监测预警技术手段和预测预报方面与全国基本同步,与防灾减灾发达国家相比,在管理运行、预测预报方面还有一定差距。

我国目前有自动雨量站、水位站 6.2 万个,简易监测站 30 万个。自动站点控制面积达到 45km^2/站。全国 29 个省(自治区、直辖市)、305 个地市、2058 个县设立了山洪灾害监测预警平台,建设了国家级山洪灾害监测预警平台,控制山洪流域 53 万个,覆盖了我国所有山洪防治区。

日本有气象观测站 127 个,官方雨量自动观测站约有 1300 个(其中 840 个还观测气温、风速风向、日照时间等),并将实时数据传送到指定地点进行自动分析处理。目前,日本的预测预报水平是提前 1 天预报暴雨,提前 2~3 小时捕捉暴雨征兆。暴雨发生时,观测雨情并预报降雨量和持续时间。

美国气象局下设 13 个河流洪水预报中心,在主要河流还设有 21 个河流观测中心,可掌握全国 7812 个控制站的流量和水位,预报全国 3429 个控制站的流量及水位。美国有 8000 多个地面雨情监测站,还有基于静止卫星、TRMM 极地卫星、NEXTRAD 天气雷达等的遥感监测手段。目前,美国已普遍采用天气雷达监测降水量,在本土已布设有 137 部新一代天气雷达,可覆盖全美两万多个洪水多发区域。洪水多发区中,有 429 个在中国气象局的洪水预报范围内,1000 个有当地的洪水预警系统,其余的有县一级预报系统。全国 90% 以上地区均可获得相应的预报和警报信息[97]。

5.5.3　山洪灾害防治决策

5.5.3.1　决策系统逻辑结构

决策支持系统的逻辑可分为三个层次:人机接口层、系统应用层和系统支持层。系统应用层通过人机接口与决策分析人员和决策者交互,在系统应用层综合分析功能的支持下,完成山洪灾害防治决策过程中各个阶段、各个环节的多种信息需求和分析功能。

系统应用层包括信息接收处理、气象预报、水文预报、泥石流预报、滑坡预报、水库调度、水保治理、冰湖治理、灾情评估、信息服务、汛期监视、会商、管理等功能子系统。各子系统间不进行直接的相互控制,可独立运行,其间的联系通过交换缓冲区进行。

系统信息支撑层包括气象及遥感信息、灾情评估信息、泥石流信息、滑坡信息、水保信息、冰湖信息、山洪灾害防治力量信息、地理经济信息、辅助决策信息、水库调度信息等。这些信息库组成系统的综合数据库。

数据的来源主要为各级气象、水文、地质、防汛、遥感、农业、林业、水利工程等部门。

系统的输出面向的主要用户:国家防汛抗旱总指挥部、自治区山洪灾害防治指挥部(自治区防汛抗旱指挥部)、自治区各专业部门、各地区专业部门、各级有关领导、有关党政军部门、公众用户。

5.5.3.2　综合数据库分析

(1)气象信息:天气日、旬、月预报,天气形势分析,卫星云图,气象雷达图,遥感信息,降雨实况,降雨量级和降雨区预报等。

(2)水情信息:雨水情实况,水情分析,洪水预报,遥感信息,汛情图形演示,历史洪水特征值等。

(3)地理信息系统(GIS):将采集的水情、雨情信息,结合地理信息系统对数据进行空间管理,分析当地灾情。

(4)辅助决策信息:山洪量级估算,洪水过程预报,专家意见,灾情评估,灾情模拟,决策对比和优化,历史灾情资料等。

(5)泥石流信息:水源观测、土源观测、泥石流流体观测信息积累,态势分析。

(6)滑坡信息:收集滑坡变形、地下水、地表水、地声、动物异常和其他迹象等,进行滑坡动态综合分析。

(7)水保信息:风力侵蚀、水力侵蚀、冻融侵蚀严重的地方及时治理和预防。

(8)冰湖信息:利用遥感等先进仪器进行冰湖观测并确定潜在危险冰湖。

(9)防治力量信息:人员、物质、技术、预防和治理工程的基础力量。

(10)水库调度信息:做好调度方案的优化。

(11)灾害评估信息:根据选定的山洪决策方案进行灾情评估,以图表形式输出评估结果。应用卫星遥感技术在山洪易发地区,根据最新的社会经济数据、经济结构分析数据,分别建立山洪灾害特性与各类经济损失间的关系模型,为灾后统计服务。

5.5.3.3 系统组成与功能

决策支持系统信息量庞大,功能要求多,是为党政部门、用户单位提供正确决策的窗口。本系统由信息接收处理、气象产品应用、洪水预报、灾害评估、信息服务、汛情监视、会商、山洪灾害防治预警管理等8个子系统组成。

(1)信息接收处理子系统

功能:接收来自各监测站点的气象、水文、滑坡、泥石流等各种灾害信息,并负责数据预处理,经分类后存入各类数据库中。

(2)气象产品应用子系统

功能:对所接收的卫星云图、天气观测资料、数值预报产品资料、雷达观测资料,结合短、中、长期天气预报,根据山洪灾害防治的特殊要求,进行综合加工处理。建立气象专用数据库,提供气象应用产品。

(3)洪水预报子系统

功能:根据实时的雨水信息和降雨预报过程,分别完成山洪灾害易发地区和重点地区洪水预报,结合专家经验进行综合分析会商,提供洪水预报产品。

(4)灾害评估子系统

功能:利用气象、水文及遥感资料,借助洪灾判别及洪灾发展趋势预测模型,完成对该地区山洪灾害的发生发展趋势的数字表达,其结果用于判别一场山洪能否成灾,并对山洪灾害在未来数天内的发展趋势作出预测,以及对灾情等级作出较为准确的判别和预测,为救灾减灾决策提供科学依据。

（5）信息服务子系统

功能：在综合数据库的支持下，以方便、快捷的方式，查询气象、水文、滑坡、泥石流等实时信息及洪水预报结果、灾情评估结果、各类基本资料等信息，并要求表达方法直观、图文并茂。对各种不同用户提供不同的服务，根据需要向有关用户发布相关信息。

（6）汛情监视子系统

功能：根据实时信息，与相应的各种特征值进行比较。如超限，则以系统自动或用户触发方式，用声、光、闪耀等形式给出报警信息。

（7）会商子系统

功能：在会商讨论前，对实时、历史和预报的各类信息进行重组和加工处理，为会商讨论和山洪灾害形势分析提供全面的信息准备，提出两种或多种方案组成的预报方案集，提供灾情方案的解释。决策者如认为其中一个方案合适则选择之，并付诸实施；如必须进一步修改方案，则本系统负责将新方案的各种要求通知气象、洪水预报、灾情评估等子系统。待新方案出台后，对新老方案进行对比和选择。

在面临重大决策时，会商子系统必须对参加会商的人员、讨论的问题、决策的方案和意见、决策过程情况等进行详细记录，并提交山洪灾害防治预警系统。对所确定的方案形成正式文档存入综合数据库。

会商子系统提供会商现场的硬件环境，包括照明条件、讨论用的视听音频设备、异地会商的显示系统、计算机网络环境、会商用计算机及大屏幕显示系统等。

（8）山洪灾害防治预警管理子系统

功能：主要用于西藏自治区预警中心日常工作所需信息的管理。包括人员管理、部门管理、抢险队伍管理、文档管理、物资管理、组织管理、经费管理、项目管理和值班日记等9项主要功能。为完成这些功能，须建立系统专用的数据库，公用的数据可从综合数据库中提取。

6 山洪灾害防治区划分析

6.1 防治区划

6.1.1 划分标准

（1）山洪灾害重点防治区的划分

山洪灾害重点防治区由以下三部分组成：

1）同时满足以下①、②和③条件的区域应划定为溪河洪水灾害重点防治区：①在降雨区划中属于 50 年一遇降雨达临界雨量或雨强覆盖的区域；②在地形坡度区划图中属于坡度大于 25°的区域；③属重要经济社会区。

2）同时满足以下①、②和③条件的区域应划定为山洪诱发的泥石流和滑坡灾害重点防治区：①在降雨区划中属于 50 年一遇降雨达临界雨量或雨强覆盖的区域；②在山洪诱发的泥石流、滑坡易发程度区划中属于山洪诱发的泥石流、滑坡高易发区和中易发区的区域；③属重要经济社会区。

3）其他历史上山洪灾害频发或灾害损失严重的重要经济社会区为其他山洪灾害重点防治区。

（2）山洪灾害一般防治区为山丘区除重点防治区以外有山洪灾害防治任务的地区。

（3）根据山洪灾害发生的频率，进一步将山洪灾害重点防治区划分为山洪灾害一级、二级和三级重点防治区。山洪灾害一级重点防治区为 10 年一遇降雨达临界雨量或雨强的重点防治区；山洪灾害二级重点防治区为 10 年一遇至 20 年一遇降雨达临界雨量或雨强的重点防治区；山洪灾害三级重点防治区为 20 年一遇至 50 年一遇降雨达临界雨量或雨强的重点防治区。

（4）在上述工作的基础上，综合降雨区划、地形地质区划和经济社会区划，编制西藏自治区 1∶200 万山洪灾害重点防治区和一般防治区区划图，在重点防治区中划分出山洪灾害一级、二级和三级重点防治区。

6.1.2 防治区划分

西藏自治区山洪灾害防治区总面积 50.13 万 km²，占全区国土总面积的 41.7%。其中，山洪灾害重点防治区面积 9.07 万 km²，占山洪灾害防治区面积的 18.1%，占国土面积的 7.5%；山洪灾害一般防治区面积 41.07 万 km²，占山洪灾害防治区面积的 81.9%，占全区国土面积的 34.2%。

根据上文描述的防治区划分标准，综合 50 年一遇降雨区划、地形坡度区划、泥石流区划、滑坡区划、经济社会区划与防治区分布，分析得出西藏自治区溪河山洪灾害重点防治区、山洪诱发重点防治区、其他重点防治区和一般防治区分布情况。山洪灾害重点防治区中一级重点防治区面积 0.97 万 km²，占重点防治区面积的 10.7%；二级重点防治区面积 1.49 万 km²，占重点防治区面积的 16.4%；三级重点防治区面积 6.61 万 km²，占重点防治区面积的 72.9%。

6.2 防治区典型案例分析

西藏自治区自 2013 年陆续开展全区山洪灾害调查，截至 2015 年共完成了 62 个县区、499 个乡镇、2186 个行政村、6959 个自然村的山洪基本情况调查，1061 个沿河村落及 6136 户群众、6136 座沿河村落居民楼详查，统计受山洪威胁总人口约 110 万，防治区面积 56.983 万 km²。通过对沿河村落和城（集）镇的调查，摸清了西藏全区山洪灾害防御现状，明确了防御重点，为山洪灾害分析评价提供了翔实的基础数据。

调查结果表明，西藏自治区属于山洪灾害易发区，在 20 世纪 90 年代至 21 世纪之初山洪灾害较为严重，其中阿里地区扎达县、改则县、日土县、革吉县，昌都市卡若区、洛隆县、江达县、类乌齐县、边坝县、芒康县，林芝市巴宜区、波密县、察隅县，那曲市巴青县、比如县、索县，日喀则市昂仁县、萨迦县、亚东县、康马县、白朗县、拉孜县、桑珠孜区，山南市贡嘎县、扎囊县、隆子县、浪卡子县等历史山洪灾害发生频繁，受山洪严重威胁的沿河村落较多，危险区多，受灾较重。各县重点危险的沿河村落和集镇中，大部分的村落主要受冲沟山洪并伴随泥石流影响，村落和集镇实际淹没往往超过路基或屋基，房屋及家中财产损失程度较大，耕地、乡村道路被淹没频率较高，牲畜农作物损失比较严重；个别村落由于受地理气候等因素影响，几乎每年遭遇不同程度的山洪灾害。

下面分别以昌都市江达县、卡若区和日喀则市昂仁县为例进行典型案例分析。

6.2.1 典型案例之一

6.2.1.1 江达县概况

（1）自然地理

江达县地处青藏高原东部、横断山脉中部腹地，位于横断山脉上端、金沙江上游，地处西藏、四川、青海三省(区)接合部,平均海拔 3650m。东部以金沙江为界,由北向南分别与四川省石渠、德格、白玉三县隔江相望;北部与青海省玉树市毗邻;西经川藏公路连接昌都通往西藏腹地。

（2）河流地貌

江达县区域为金沙江、澜沧江和怒江上游的三江峡谷区;区内山势雄伟,山顶高程在海拔 4000m 以上,属构造剥蚀高山地貌。江达县地势西北高,东南低,自西北向东南倾斜。县境东部、南部和西南部多为河谷地带,山势险峻,海拔在 3200～3600m;北部和西北部地区海拔在 4000～4600m,山势横亘,坡度较缓。西北部高原是长江流域与澜沧江流域分水岭部分组成,高原与丘原相间,地势起伏不一,相对高差一般在 400～800m。东南部山地在流水侵蚀和纵横切割下,地形破碎,山崖陡峭,河谷深切,相对高差 1800～2000m,属典型的高山峡谷地貌。

全县大小(常年性)河流 30 余条,因受地质构造、地貌类型、气候条件的影响,其特性也有较大差别。主要河流有金沙江、藏曲、字曲、独曲、热曲、盖曲及郭曲等。江达县水系分布图见图 6-1。

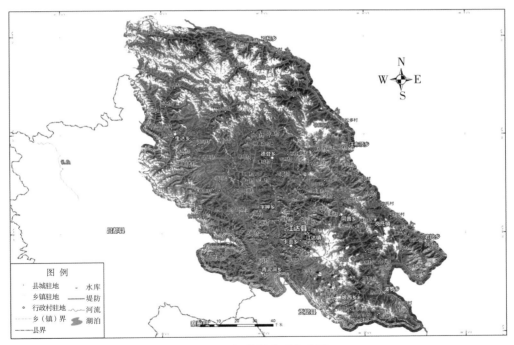

图 6-1　江达县水系分布图

图 6-2、图 6-3 分别显示了江达县小流域最长汇流路径及坡度分布。

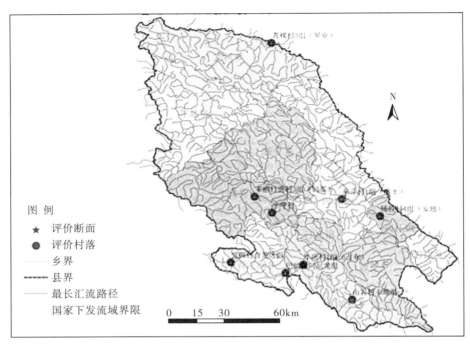

图 6-2　江达县小流域最长汇流路径示意图

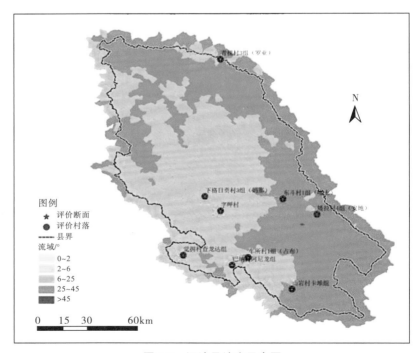

图 6-3　江达县坡度示意图

（3）土壤植被

图 6-4、图 6-5 显示了江达县各小流域的植被和土地利用类型、土壤分布，可以直接得到

植被覆盖、坡面糙率、植被截流、土壤类别、空间分布等小流域暴雨洪水计算所需参数。

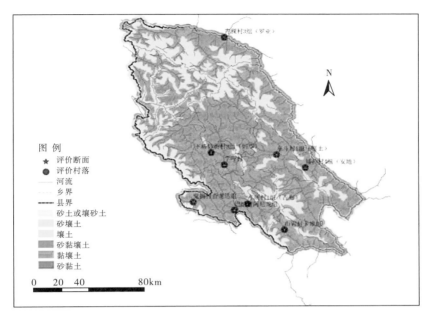

图 6-4　江达县土壤类型分布图

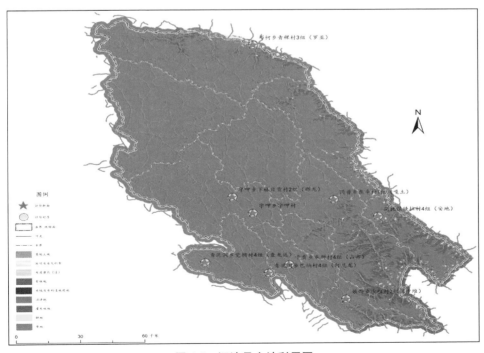

图 6-5　江达县土地利用图

（4）气象水文

江达县多年平均气温 4.5℃，多年平均相对湿度 50%，多年平均降雨量约 582.2mm。

主导风向为东南风和西北风,多年平均风速 1.4m/s。冰冻期为 5 个月,多年平均无霜期为 140 天左右;最大冻土深度 81cm。气候特点为日照充足,太阳辐射强烈,昼夜温差大,年气温较低,年蒸发量大,相对湿度小。干旱和霜冻、大风是本地区的主要灾害性天气。

(5)社会经济

江达县全县人口 8 万,土地面积 13164km²。根据 2012 年统计年鉴,2012 年底地方财政一般预算收入为 1760 万元,地方财政一般预算支出为 29874 万元,第一产业增加值为 19438 万元,第二产业增加值为 50947 万元,粮食总产量达 12735t,规模以上工业总产值为 4810 万元。

6.2.1.2　山洪灾害调查

江达县年均降雨量 582mm,集中在 7—8 月,暴雨突发性强,山高坡陡,土层较薄,山洪灾害发生频繁,分布较为广泛,主要分布于卡贡乡、同普乡、字呷乡、邓柯乡、青泥洞乡等共 9 个乡镇,防治区内居民 16529 人,其中卡贡乡、同普乡受影响人数最多;防治区内受影响的重要企事业单位有 39 个,受山洪威胁严重的沿河村落 9 个。该县历史上发生多起山洪泥石流灾害,如 1980 年江达镇原气象站被冲毁;2000 年江达镇县一级站被淹,2009 年生达乡牛圈、公路被冲毁,2010 年邓柯乡草场破坏 40 亩。山洪灾害不仅对基础设施造成毁灭性破坏,而且对人民群众的生命财产安全构成极大的损害和威胁,已经成为当前防灾减灾中的突出问题,是制约经济和社会可持续发展的重要因素之一。

江达县历史山洪发生地点分布及防治区分布情况见图 6-6、图 6-7。

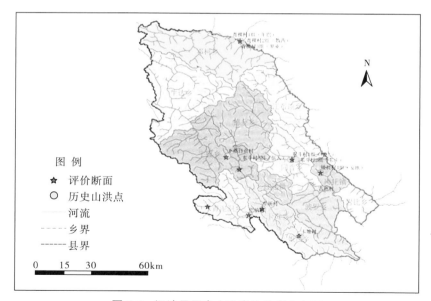

图 6-6　江达县历史山洪发生地点分布图

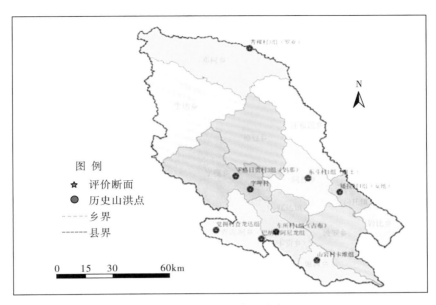

图 6-7　江达县防治区分布图

6.2.1.3　防治区分析

在山洪灾害调查工作中,针对境内的重点防治区,在江达县开展了大量河道测量工作。根据对测量成果的分析,针对每一个分析评价对象,测量成果基本都包含了相应的 3 个及以上的横断面、1 个纵断面,横断面上也基本都有相应的照片,可供糙率选取时参考,另外对沿河村落的居民户进行了位置和高程测量,可用于计算水位人口关系曲线。

卡若区山洪灾害防治区共有 15 个乡镇、84 个行政村、377 个自然村;并完成全部自然村调查填报工作,防治区内总户数 10068 户,居民 54493 人,土地面积 6045.3km²。

图 6-8 为江达县几种典型的山洪沟断面特征,包括抛物线型、三角形、矩形、复合型。

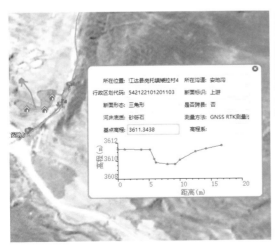

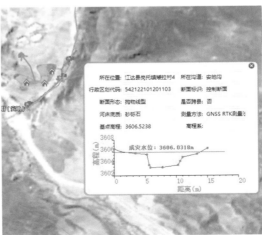

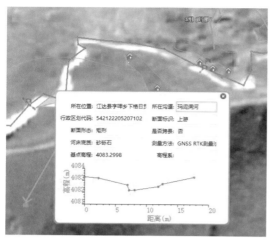
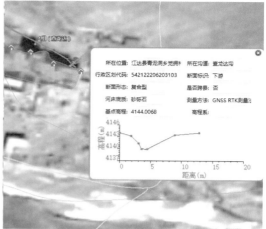

图 6-8　江达县几种典型山洪沟断面特征

图 6-9（a）（b）（c）为江达县字呷乡、青泥洞乡等多个山洪灾害重点防治区的概貌。

（a）江达县字呷乡山洪灾害防治区概貌　　　　　（b）江达县青泥洞乡山洪灾害防治区概貌

（c）江达县青泥洞乡山洪灾害防治区概貌

图 6-9　江达县字呷乡青泥洞乡部分山洪灾害防治区概貌

图 6-10 为 2017 年 7 月 8 日江达县发生严重山洪导致房屋倒塌、道路冲毁的现场照片。

图 6-10 2017 年 7 月 8 日江达县山洪灾害现场照片

6.2.2 典型案例之二

6.2.2.1 卡若区概况

（1）自然地理

卡若区是西藏自治区昌都市下辖区，位于西藏东部，地处雅鲁藏布江中游河谷地带，面积 2122.8km²。东与江达、贡觉县为邻，南与察雅、八宿县毗连，西与类乌齐县交界，北与青海玉树州的玉树市和囊谦县接壤。

（2）河流地貌

卡若区境内"三江"支流密布，常年平均流量达 400m³/s，总流量达 152 亿 m³/s。辖区内主要河流有澜沧江、盖曲、草曲、蒙朵曲、热曲、妥曲、玉曲、吉曲、色曲和金河等。昌都市卡若区水系分布图见图 6-11。

昌都市卡若区境内山高谷深，沟壑纵横，地形险拔。地势东北、东南高，西北偏低。全县平均海拔 3950m，县驻地德吉林镇海拔 3780m，东部 5 个乡平均海拔在 4200m 以上，西部 5 个乡平均海拔在 3761m 左右，地势平缓。昌都市卡若区境内最高峰党姆峰海拔 6112m。图 6-12、图 6-13 分别显示了卡若区小流域最长汇流路径及坡度分布。

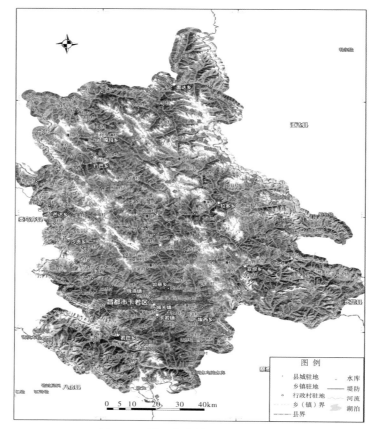

图 6-11　昌都市卡若区水系分布图

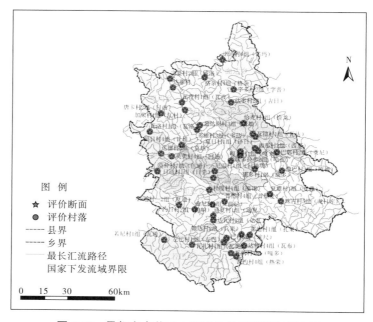

图 6-12　昌都市卡若区小流域最长汇流路径示意图

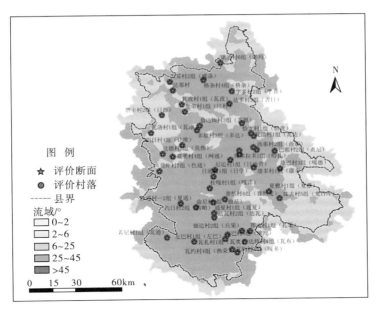

图 6-13　昌都市卡若区坡度示意图

（3）土壤植被

图 6-14、图 6-15 显示了卡若区各小流域的植被和土地利用类型、土壤分布，可以直接得到植被覆盖、坡面糙率、植被截流、土壤类别、空间分布等小流域暴雨洪水计算所需参数。

图 6-14　昌都市卡若区土地利用图

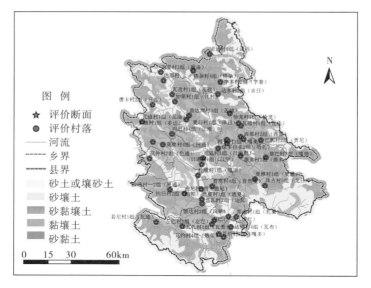

图 6-15　昌都市卡若区土壤类型分布图

（4）气象水文

昌都市卡若区属南温带半旱高原季风气候。夏季气候温和湿润,冬季气候干冷。日照充足,年日照时数 2300 小时,年无霜期 120 天左右,气候干燥,年平均气温 6.3℃,绝对最高气温 28.2℃,极端最低气温－25.1℃;雨季集中在 7、8 月,降水量占全年的 95％,洪水、泥石流、滑坡、地震、干旱等自然灾害频繁发生,尤其洪水、泥石流灾害是本县灾害防治的重中之重。

根据《西藏自治区暴雨统计参数图集》,可绘制区域的年最大 24 小时点雨量的均值等值线图(如图 6-16)。

图 6-16　年最大 24 小时点雨量均值等值线图

（5）社会经济

卡若区下辖 15 个乡（镇），158 个村委会，9 个街道委员会。到 2016 年底，卡若区总人口 153205 人。农牧区人口 88774 人，非农人口 64431 人。

根据 2012 年统计年鉴，2012 年底该区域地方财政一般预算收入为 4525 万元，地方财政一般预算支出为 42202 万元，第一产业增加值为 23105 万元，第二产业增加值为 98699 万元，粮食总产量达 17539t。

2016 年，卡若区粮食产量 20382.37t，牲畜数量 275059 头（只、匹）。卡若区生产总值约 49.52 亿元，农村居民人均可支配收入 9164 元，社会消费品零售总额 163878.3 万元。

6.2.2.2 山洪灾害调查

卡若区年均降雨量 477.7mm，集中在 7、8 月，暴雨突发性强，山高坡陡，土层较薄，山洪灾害发生频繁，分布较为广泛，主要分布于城关镇、俄洛镇、沙贡乡、面达乡、如意乡、埃西乡等乡镇，防治区内总人口 54493 人，其中城关镇、拉多乡受影响人数最多；防治区内受影响重要企事业单位有 157 个，沿河村落 47 个。另外，人类活动如农业耕作、工程建设和历史上的乱垦滥伐对生态的破坏和地质影响，也是促成山洪、崩塌（雪崩）、山体滑坡和泥石流等自然灾害的原因。该区域历史上发生多起山洪泥石流灾害，造成严重的人员伤亡、道路冲坏、房屋倒塌、农田冲毁的惨剧。如 2009 年 7 月 25 日，县内多处发生泥石流和山体滑坡，造成公路崩塌、牲畜死亡等。山洪灾害不仅对基础设施造成毁灭性破坏，而且对人民群众的生命财产安全构成极大的损害和威胁，已经成为当前防灾减灾中的突出问题，是制约该区域经济和社会可持续发展的重要因素之一。

卡若区历史山洪发生地点分布情况见图 6-17，具体发生情况见表 6-1、表 6-2。

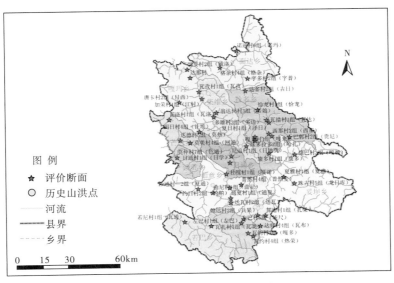

图 6-17　历史山洪发生地点分布图

表 6-1   昌都市卡若区历史山洪发生情况调查表

序号	山洪灾害发生位置	山洪灾害类型	山洪灾害发生时间(年月日)	调查最高水位/m	可靠性评定
1	昌都市卡若区城关镇帮达街	暴雨	201508	/	较可靠
2	城关镇四川桥社区	暴雨	20150903	/	可靠
3	昌都市卡若区城关镇通夏村	暴雨	200707	/	可靠
4	昌都市卡若区城关镇格地村2组(格坝)	暴雨	201408	/	较可靠
5	昌都市卡若区城关镇达瓦村	暴雨	201307	/	较可靠
6	昌都市卡若区俄洛镇郎达村1组(郎达)	暴雨	201508	/	较可靠
7	昌都市卡若区俄洛镇格巴村	暴雨	20150819	/	较可靠
8	昌都市卡若区俄洛镇仁达村2组(普它)	暴雨	20130620	/	可靠
9	昌都市卡若区俄洛镇曲尼村	暴雨	201508	/	较可靠
10	昌都市卡若区卡若镇瓦约村3组(嘎多)	暴雨	201507	/	较可靠
11	昌都市卡若区卡若镇瓦约村4组(热荣)	暴雨	201507	/	较可靠
12	昌都市卡若区芒达乡达德村5组(莫热)	暴雨	201307	/	较可靠
13	昌都市卡若区芒达乡莫美村4组(网通)	傲宇	201507	/	较可靠
14	昌都市卡若区芒达乡瓦洛村	暴雨	201306	/	较可靠
15	昌都市卡若区沙贡乡莫仲村7组(色通)	暴雨	200907	/	可靠
16	昌都市卡若区沙贡乡莫仲村7组(色通)	暴雨	20150904	/	可靠
17	昌都市卡若区若巴乡瓦扎村	暴雨	201508	/	可靠
18	昌都市卡若区埃西乡漠巴村	暴雨	201307	/	较可靠
19	昌都市卡若区埃西乡邦迪村1组(扎果)	暴雨	20140714	/	可靠
20	昌都市卡若区埃西乡娘达村	暴雨	201505	/	可靠
21	昌都市卡若区如意乡永嘎村	泥石流	20150820	/	较可靠
22	昌都市卡若区如意乡约日村2组(约帕)	暴雨	201407	/	较可靠
23	昌都市卡若区如意乡约日村2组(约帕)	暴雨	20150615	/	较可靠
24	昌都市卡若区如意乡普然村4组(普然麦)	暴雨	20090810	/	较可靠
25	昌都市卡若区日通乡日通村1组(日学)	暴雨	20150817	/	较可靠
26	昌都市卡若区日通乡日通村2组(其布)	暴雨	20150817	/	较可靠
27	昌都市卡若区柴维乡加荣村1组(江村)	大雨	201508	/	较可靠
28	昌都市卡若区柴维乡翁达岗村3组(苦娘)莫那曲	大雨	201508	/	较可靠
29	昌都市卡若区柴维乡多雄村3组(多达)	大雨	200806	/	可靠

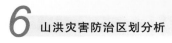

序号	山洪灾害发生位置	山洪灾害类型	山洪灾害发生时间(年月日)	调查最高水位/m	可靠性评定
30	昌都市卡若区柴维乡多拉多村	暴雨	20150831	/	较可靠
31	昌都市卡若区柴维乡嘎日村	暴雨	20150831	/	较可靠
32	昌都市卡若区妥坝乡珠古村	暴雨	20150920	/	较可靠
33	昌都市卡若区妥坝乡夏雅村	暴雨	201508	/	较可靠
34	昌都市卡若区妥坝乡康巴村3组(嘎德)	中雨	200208	/	较可靠
35	昌都市卡若区妥坝乡康巴村4组(肯扣)	暴雨	201508	/	较可靠
36	昌都市卡若区妥坝乡康巴村3组(嘎德)	中雨	201408	/	较可靠
37	昌都市卡若区嘎玛乡瓦孜村	冰包	20130820	/	可靠
38	昌都市卡若区嘎玛乡瓦孜村	暴雨	20130820	/	可靠
39	昌都市卡若区嘎玛乡当妥村	暴雨	201508	/	较可靠
40	昌都市卡若区面达乡诺通村6组(诺玛)崩亚沟	暴雨	200908	/	较可靠
41	昌都市卡若区面达乡巴通村	暴雨	201407	/	较可靠
42	昌都市卡若区面达乡字多村1组(自达)	暴雨	20150912	/	可靠
43	昌都市卡若区约巴乡玛日村4组(让堆)	暴雨	200807	/	较可靠
44	昌都市卡若区拉多乡恰龙村1组(恰龙)	暴雨	201405	/	较可靠
45	昌都市卡若区拉多乡瓦措村1组(瓦达)	暴雨	20150716	/	较可靠
46	昌都市卡若区拉多乡贡西村2组(贡西)	大雨	20140715	/	较可靠
47	昌都市卡若区拉多乡曲色村	山洪暴雨	20130724	/	较可靠
48	昌都市卡若区拉多乡塔玛村3组(索日)	山洪暴雨	20150716	/	较可靠
49	昌都市卡若区拉多乡康多村	大雨	201208	/	较可靠
50	昌都市卡若区拉多乡夏日村	暴雨	201407	/	较可靠
51	昌都市卡若区拉多乡巴郭村1组(娘吉)	大雨	201008	/	较可靠
52	昌都市卡若区拉多乡巴郭村1组(娘吉)	大雨	200008	/	较可靠
53	昌都市卡若区拉多乡巴郭村2组(贡尼)	大雨	201308	/	可靠
54	昌都市卡若区拉多乡巴郭村2组(贡尼)	大雨	199508	/	较可靠
55	昌都市卡若区拉多乡嘎来村	暴雨	20140716	/	较可靠
56	昌都市卡若区拉多乡西那村2组(西那)	山洪暴雨	20150710	/	较可靠

表 6-2　　　　　　　　　　　昌都市卡若区历史山洪发生情况统计表

序号	灾害发生时间	灾害发生地点	死亡人数/人	损毁房屋/间	转移人数/人	直接经济损失/万元	灾害描述
		全县合计	2	0	0	689.8	
1	2009	卡若区城关镇通夏村	2	0	0	50	冲沟处完全被堵塞；牲畜死亡 2 头；水涌进附近房屋
2	2009	卡若区埃西乡热西村 1 组(热亚)	0	0	0	16.8	泥石流、滑坡
3	2009	卡若区如意乡	0	0	0	12	滑坡
4	2009	卡若区俄洛镇果格村	0	0	0	10	泥石流
5	2009	卡若区沙贡乡达东村	0	0	0	9	泥石流,3 次发生
6	2009	卡若区面达乡巴通村	0	0	0	132	泥石流,4 次发生
7	2009	卡若区	0	0	0	460	昌都 214 线、317 线、遂昌公路 56 处崩塌

6.2.2.3　防治区分析

昌都市卡若区防治区调查总人口 54493 人,包括 15 个乡镇,84 个行政村,373 个自然村,10068 户,土地面积 6046.05km²,耕地面积 37409.61 亩。卡若区防治区分布见图 6-18。

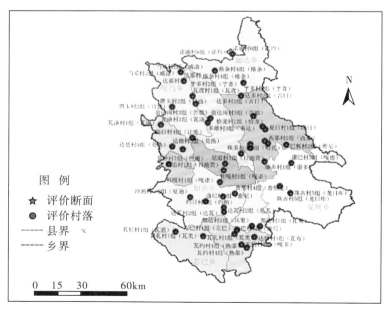

图 6-18　卡若区防治区分布图

在山洪灾害调查工作中,针对境内的重点防治区,在昌都市卡若区开展了大量河道测量工作。根据对测量成果的分析,针对每一个分析评价对象,测量成果都基本包含了相应的 3 个及以上的横断面、1 个纵断面,横断面上基本都有相应的照片,可供糙率选取时参考,另外对沿河村落的居民户进行了位置和高程测量,可用于计算水位人口关系曲线。

图 6-19 为卡若区几种典型的山洪沟断面特征,如抛物线型、矩形。

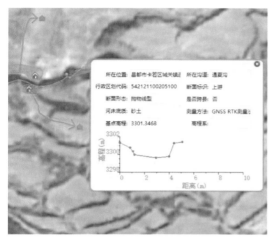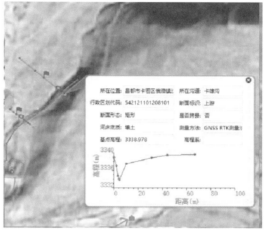

图 6-19　卡若区几种典型山洪沟断面特征

图 6-20、图 6-21 为卡若区柴维乡、拉多乡山洪灾害防治区概貌。

图 6-20　卡若区柴维乡山洪灾害防治区概貌　　　图 6-21　卡若区拉多乡山洪灾害防治区概貌

图 6-22 为 2017 年 7 月 8 日卡若区发生严重山洪导致房屋崩塌、道路冲毁、桥梁和电力塔损毁的现场调查照片。

图 6-22　2017 年 7 月 8 日卡若区山洪灾害现场照片

6.2.3　典型案例之三

6.2.3.1　昂仁县概况

（1）自然地理

昂仁县隶属日喀则市，位于日喀则西偏北 30°左右，地处雅鲁藏布江上游、冈底斯山脉中脊线上。县域平均海拔 4513m，总面积 3.962 万 km²，占日喀则市总面积的 21.78%。县域东邻谢通门和拉孜两县，西接措勤和萨嘎两县，南靠聂拉木和定日两县，北依申扎县。

（2）河流地貌

昂仁县主要河流有雅鲁藏布江、多雄藏布、美曲藏布、孔弄曲、烈巴藏布等。日喀则市昂仁县水系分布图见图 6-23。

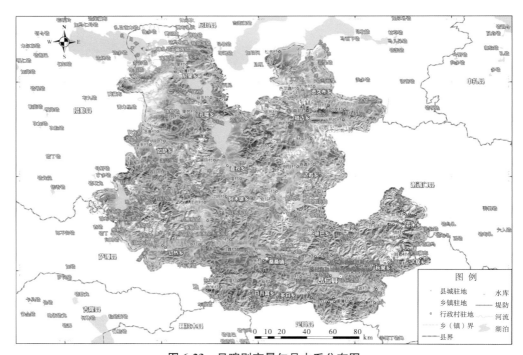

图 6-23　日喀则市昂仁县水系分布图

日喀则市昂仁县地势由东向西逐渐抬升，山脉占据全县总面积的五分之三多，海拔4500～6300m的山峰达80余座。地形可分为3个阶梯。海拔4600m以上，岩体裸露，多不生长植物，不少山体呈红、黄、蓝、白、紫等色；海拔4400～4600m，山脉阳坡生长着爬地柏或少量草，阴坡则大面积覆盖着草科植被，河谷平原地多为草场，是牧业基地，大型草场如贡久布草坝、措迈草坝、桑桑草坝等；海拔4400m以下，主要为农业生产基地，即6个农业乡所在地。

图6-24、图6-25分别显示了昂仁县小流域最长汇流路径及坡度分布。

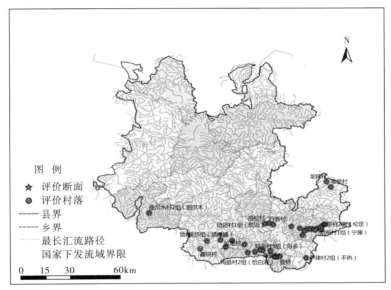

图6-24　日喀则市昂仁县小流域最长汇流路径示意图

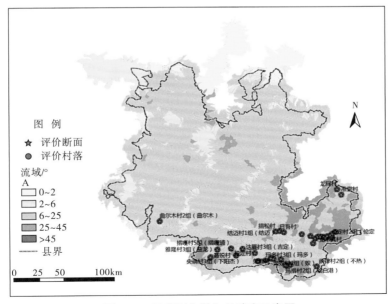

图6-25　日喀则市昂仁县坡度示意图

（3）土壤植被

图 6-26、图 6-27 显示了昂仁县各小流域的植被和土壤类型分布、土地利用情况，可以直接得到植被覆盖、坡面糙率、植被截流、土壤类别、空间分布等小流域暴雨洪水计算所需参数。

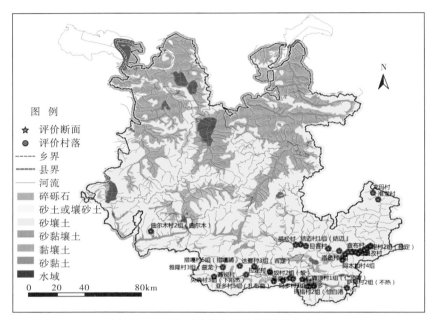

图 6-26　日喀则市昂仁县土壤类型分布图

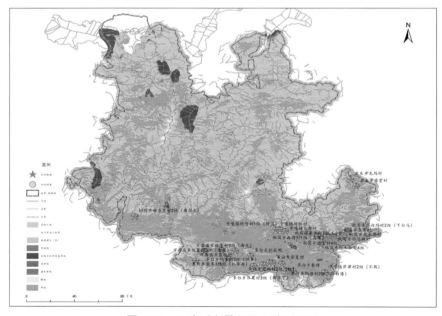

图 6-27　日喀则市昂仁县土地利用图

（4）气象水文

昂仁县主要受青藏高原大气候影响，气候干寒，无霜期 60～100 天。基本可分为两个大气候带：东南河谷地带，相对温暖、少风，呈半干旱气候，年平均气温 4.5℃，最热月（7 月）均温 12℃，年降雨量 400mm 左右；西北高山地带，多风寒冷，呈半干旱气候，年平均气温 4℃ 以下，年降雨量约 300mm，东南与西北气候的垂直变化较明显。昂仁县降水集中于 6—9 月，这段时期几乎天天阴雨连绵，其余月份干旱少雨，风沙较多。

（5）社会经济

根据 2012 年统计年鉴，2012 年底地方财政一般预算收入为 689 万元，地方财政一般预算支出为 23874 万元，第一产业增加值为 12936 万元，第二产业增加值为 11450 万元，肉类总产量达 3593t。

6.2.3.2 山洪灾害调查

昂仁县年降雨量为 400mm，集中在 6—9 月，暴雨突发性强，山高坡陡，土层较薄，山洪灾害发生频繁，分布较为广泛，主要分布于 17 个乡镇，防治区内总人口 20971 人，其中秋窝乡受影响人数最多；防治区内受影响重要企事业单位有 138 个，沿河村落 35 个。如 2010 年 7 月 1 日，多白乡楚龙村受灾耕地面积 1030 亩，其中绝收 80 亩、重度受灾 350 亩、死亡牲畜 25 只。山洪灾害不仅对基础设施造成毁灭性破坏，而且对人民群众的生命财产安全构成极大的损害和威胁，已经成为当前防灾减灾中的突出问题，是制约经济和社会可持续发展的重要因素之一。

近年来，在国家防总、西藏自治区防汛办和县政府的领导和支持下，昂仁县山洪灾害防治工作取得了一定成果，确保了人民群众的生命安全。

昂仁县历史山洪发生地点分布情况见图 6-28 和表 6-3。昂仁县共完成 14 个历史山洪灾害点统计调查工作，涉及 6 个乡镇，分别是多白乡、日吾其乡、亚木乡、达局乡、卡嘎镇、秋窝乡。

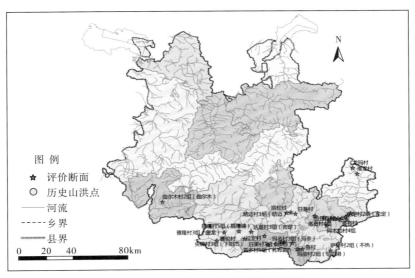

图 6-28　历史山洪发生地点分布图

表 6-4　　　　　　　　日喀则市昂仁县历史山洪发生情况统计表

序号	灾害发生生时间	灾害发生地点	死亡人数/人	损毁房屋/间	转移人数/人	直接经济损失/万元	灾害描述
	全县合计		0	223	1274	120	
1	20100701	昂仁县多白乡楚龙村	0	0	0	0	受灾耕地面积 1030 亩,其中绝收 80 亩、重灾 350 亩、死亡牲畜 25 只
2	201007	昂仁县多白乡德夏村	0	0	0	0	受灾耕地面积 324 亩,其中绝收 20 亩,冲毁水渠 1500m
3	201007	昂仁县多白乡拉定村	0	0	0	0	受灾耕地面积 203 亩,其中绝收 13 亩,死亡牲畜 15 只,冲毁水渠 1000 多 m
4	201007	昂仁县多白乡措布龙村	0	53	384	0	53 户、384 人、1090 亩耕地受灾,重灾 330 亩、154 米防洪坝受损
5	201007	昂仁县多白乡荣奴村	0	84	456	0	84 户、456 人、594 亩耕地受灾,冲毁水渠 500m,死亡牲畜 11 头(只、匹)
6	201007	昂仁县日吾其乡雅隆村	0	0	0	0	多人受影响
7	201007	昂仁县亚木乡哲宗村	0	0	0	0	受灾耕地面积 472 亩,其中重灾 350 亩
8	201007	昂仁县亚木乡斯琼村	0	0	0	0	冲毁水渠 4500m,受灾耕地面积 346 亩
9	201007	昂仁县亚木乡亚木村	0	0	0	0	受灾耕地面积 538 亩,其中重灾 288 亩
10	201007	昂仁县达局乡其素村	0	20	116	0	20 户、116 人、294 亩耕地受灾,146 亩绝收
11	201007	昂仁县卡嘎镇帕热村	0	0	0	0	冲垮水渠 2000m
12	201007	昂仁县卡嘎镇萨律村	0	0	0	0	受灾耕地 42 亩,其中绝收 37 亩,冲毁水渠 2 条,共长 3500m
13	201007	昂仁县秋窝乡下白玛村	0	63	318	0	多雄藏布江发生山洪,影响 63 户、318 人,耕地 331 亩

续表

序号	灾害发生时间	灾害发生地点	死亡人数/人	损毁房屋/间	转移人数/人	直接经济损失/万元	灾害描述
14	201008	昂仁县秋窝乡下白玛村	0	3	0	120	多雄藏布江发生山洪,淹没3户,冲毁农田15亩,冲毁道路1km,桥涵2座,直接经济损失120万元

6.2.3.3 防治区分析

日喀则市昂仁县防治区调查总人口21186人,包括17个乡镇,66个行政村,151个自然村,土地面积4644.84km²,耕地面积41304.53亩。防治区分布图见图6-29。

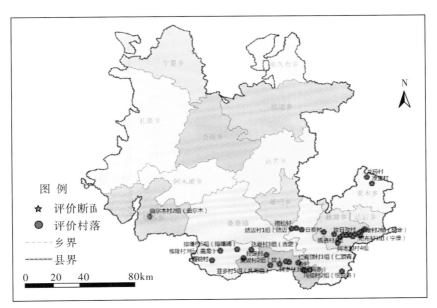

图6-29 昂仁县防治区分布图

(2)重点防治区

昂仁县山洪灾害防治区共有8个乡镇、66个行政村、151个自然村;防治区内总人口20971人,土地面积4626.2km²。

在山洪灾害调查工作中,针对境内的重点防治区,在日喀则市昂仁县开展了大量河道测量工作。根据对测量成果的分析,针对每一个分析评价对象,测量成果都基本包含了相应的3个及以上的横断面、1个纵断面,横断面上也基本都有相应的照片,可供糙率选取时参考,另外对沿河村落的居民户进行了位置和高程测量,可用于计算水位人口关系曲线。

图6-30为昂仁县几种典型的山洪沟断面特征,包括抛物线型、矩形、三角形、复合型。

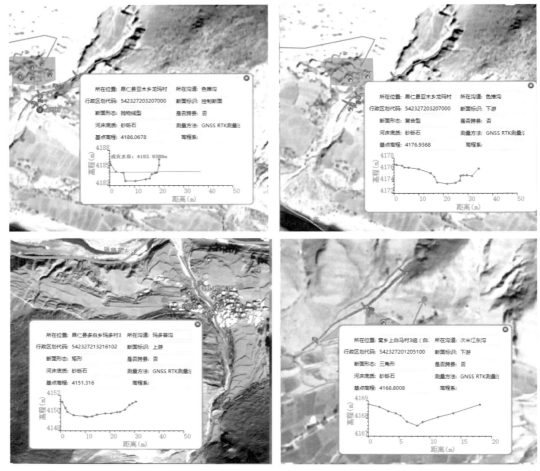

图 6-30 昂仁县几种典型山洪沟断面特征

图 6-31、图 6-32 为昂仁县亚木乡、多白乡山洪灾害重点防治区的概貌。

图 6-31 昂仁县亚木乡山洪灾害防治区概貌

图 6-32　昂仁县多白乡山洪灾害防治区概貌

图 6-33 为 2017 年 7 月昂仁县发生严重山洪灾害的现场照片。

图 6-33　2017 年 7 月昂仁县山洪灾害现场照片

图 6-34 和图 6-35 为昂仁县开展地质灾害应急预案演练的现场照片,演练在昂仁县卡嘎镇卡嘎村泥石流地质灾害隐患点处展开。此次演练的部门和单位共有 13 个,参加演练的各乡镇国土专职人员、地质灾害隐患点监测员和受威胁村民共 100 余人。

图 6-34　2018 年 4 月昂仁县开展地质灾害应急　　　　图 6-35　2018 年 4 月昂仁县开展地质灾害应急
　　　　　预案演练现场照片之一　　　　　　　　　　　　　　　　预案演练现场照片之二

图 6-36 为昂仁县政府召开"昂仁县地质灾害防治知识宣传培训会",培训对象为昂仁县国土局工作人员、各乡镇国土工作专职人员以及地质灾害隐患点监测人员 50 余人。地质灾害防治知识宣传培训行动达到了预期目的,受到了参训人员的一致好评。通过培训,提高了国土工作人员和地灾监测人员的防灾减灾意识,群防群测水平大为提高。

图 6-36　2018 年 4 月昂仁县召开地质灾害防治知识宣传培训会

7 防治机制与治理模式

7.1 溪河洪水治理

7.1.1 溪河洪水治理目标与措施

（1）治理目标

1）坚持"以防为主，治理结合"，"以非工程措施为主，工程措施与非工程措施相结合"，建立和完善山洪易发区山洪灾害治理组织领导指挥机构及防灾减灾体系，建立重点山洪易发区预警监测、预报系统，完善水情、雨情、灾情测报监测预警系统、通信系统，落实防洪避灾预案，避险、搬迁转移等措施，确保人员生命安全。

2）在开展植树造林、退耕还林还草和水土保持等生态治理工程的同时，加大小流域综合治理、河道治理、防洪水库建设以及堤防等工程建设力度，增加植被、土壤雨水截留量，减少水土流失，提高山洪易发区的抗灾能力，从而达到最大限度地减少山洪灾害损失的目的。

（2）治理措施研究

根据地貌和地质条件，因地制宜地采取工程措施与生物措施建立综合防洪体系。在山洪灾害易发区可根据实际情况实施如下水利工程措施：

1）在坡面修筑截水沟，拦截山坡上的径流，减缓水流速度，防止雨水引起坡体失稳崩塌、滑坡，减少山洪中的泥沙和石块含量。

2）在山洪防治区坡度较缓段，采用石笼、干砌块石、浆砌块石、混凝土构筑多级低矮拦挡坝，以拦水和截留泥沙和石块、削减洪峰、减缓流速，防止沟床下切造成溃堤。

3）在山洪沟低洼地段修建小水库或山塘，减少下泄水量。

4）在山洪沟纵坡较陡的沟槽段、纵坡突然变化的陡坎处、台阶式的沟头以及支沟入干沟的入口处修筑人工跌水，使洪水在这里突然降落消能。

5）在山洪沟中有居民区或重要建筑时，为将山洪安全排至下游河道，宜修筑排洪渠道。在山洪沟凹岸有居民或重要建筑物时，为防山洪冲刷和淤积破坏，宜沿岸修筑浆砌块石或混凝土防护堤（墙），拦挡或疏导山洪，使其顺利排向下游，而不危及居民或重要建筑物。

6)对植被不发育坡段,采取人工植树造林,恢复植被,以达到固土截流和减缓地表径流的作用。

7)在山洪沟中修造梯田,以减缓山洪流速和截留山洪所带的泥沙和石块,形成跌水而消减山洪能量,达到防洪目的。

8)编制全区城乡镇居民点避灾的中长期规划,关系到社会经济的稳定。全区地处青藏高原,绝大多数城乡居民点分布在洪积扇上,其地势稍平,利于城镇的规划与布局,但它们多是山洪暴发必经之路。建议采取如下宏观对策:以县为单位,组织地质灾害调查与区划,掌握山洪、泥石流区和山体易滑坡区地质的第一手资料,在此基础上,做出两个规划,即移民建镇安置规划和居民宅基地布置规划。移民建镇规划的重点是对已建在易发生山洪、泥石流、山体滑坡等高危地区的居民住房做出整体搬迁规划,分步实施。居民宅基地布置规划是在地质普查的基础上,为村民新建房屋作出的宅基地总规划。规划应在县级区域内予以公告,晓谕居民尽量避开泥石流、山体易滑坡区域,确保新建房屋安全。

9)调整防治区农业种植结构。结合产业结构调整思路,因地制宜,大力发展适宜山洪灾害易发区的农作物。

7.1.2 典型区域尼木沟溪河洪水防治体系

(1)概况

1)自然地理

尼木沟位于山南市乃东县泽当镇境内,沟口位于东经91°47′、北纬29°12′。该流域主河道长约7.3km,流域面积25.5km²,流域内有乃东县泽当镇的部分居民及几家企事业单位,分别为中国人民解放军第四十一医院、中国人民解放军696仓库、山南市乃东县种子站、山南市藏药厂、山南市农科所、山南市水利开发公司、山南市兽防站。

尼木沟流域发源于喜马拉雅山脉北侧的共果日山,沟源海拔4472m。地质地层主要以第四纪沉积物为主,两侧山体为泥盆—石炭系沉积板、页岩及砂岩,局部有零星的侵入体和小型岩脉出露。

尼木沟流域地处西藏中部,属西藏高原半干旱季风气候区,受西南季风影响,冬季10月至翌年3月气候干燥,夏季由于西风带北上,西南季风影响到青藏高原南缘,印度洋孟加拉湾的暖湿气流沿雅鲁藏布江河谷上溯运动,使气候温暖湿润并形成降水。据泽当气象站资料统计分析,年降水量400mm,其中7—9月降水量占年降水量的80%以上。多年平均蒸发量2796.5mm(E601型);多年平均气温为8.0℃,最高月平均气温18.4℃,最低月平均气温—5.3℃,极端最高气温28.0℃,极端最低气温—15.5℃,10月下旬至翌年5月降水量不足40mm,年日照时数为2100小时,年无霜期143天。

2)社会经济状况

尼木沟流域有乃东县泽当镇部分居民,总人口约0.21万。其中,农业居民900人。人口密度 35 人/km²。

尼木沟流域内属于农区,农业生产占国民经济的比重较高,土地较为充裕,农业人均耕地 2.03 亩,粮食总产量 54.87 万 kg,农业人均产粮 610kg,农民人均纯收入 2040 元。流域境内主要农作物有青稞和春小麦;经济作物有豌豆、扁豆和油菜等。

(2)工程任务及防洪标准

为改善保护区内人民群众的生存环境,提高生活水平,促进当地经济的可持续发展,根据《中华人民共和国防洪法》和西藏自治区防洪规划标准,以及乃东县 2010 年发展目标,结合尼木沟防洪任务,充分调查和分析研究本河段的水文特征、河道走势,按照"统一规划、因地制宜、综合治理、统筹兼顾、确保重点、兼顾一般"的治理原则,在满足河道行洪的条件下,新建防洪护岸、谷坊等工程,提高防洪标准,完善防洪体系,保护两岸农田、房屋、林草地以及机关企事业单位等基础设施,改善生态环境。

乃东县泽当镇为一般的城镇,非农业人口远小于 20 万,其防洪标准为 20 年一遇期。根据西藏的实际情况,尼木沟防洪标准定为 30 年一遇,洪水重现期 $P=3.33\%$,其相应洪水流量为 15.3m³/s,堤防工程的级别为 4 级。

(3)溪河洪水成因

1)自然因素

a. 地形和坡度:流域属山谷丘陵地貌,冲沟切割深,山高坡陡,地形破碎。

b. 坡度大于 35°的土地面积达总土地面积的 30.1%,是溪河洪水的潜在因子。

c. 岩性和土壤:流域内成土母岩主要是第三系砂页岩,其风化形成山地棕壤和暗棕壤,含沙量较大,遇水极易饱和溃散,形成侵蚀。

d. 降雨:区内多年平均降雨量虽只有 400mm,但时空分布极不均匀,雨季主要集中在每年 6—9 月,占全年降水量的 80%以上,且多为短历时强降雨,为溪河洪水提供了动力。

2)人为因素

主要是指人类不合理的农牧业生产活动破坏了地面植被和地貌,造成了严重的溪河洪水。主要表现在以下几个方面:

a. 植被遭受破坏;

b. 盲目挖掘、取土,是造成尼木沟流域溪河洪水的根本原因。

(4)溪河洪水危害

1)沟道泥沙淤积、河床增高、阻塞严重,每遇暴雨,容易形成洪水,威胁着流域下游周边军队、地方企事业单位和居民的生命财产安全;威胁公路、电力线路和光缆等交通通信设施的正常运行。

2)造成土地严重退化,土壤肥力下降,粮食产量降低,农牧民群众生活水平提高缓慢。

3)造成流域生态环境恶化,蓄水保土功能降低。

（5）建设目标及规模

通过治理后达到如下防治目标：

1）治理程度达到80％以上；

2）林草面积达到宜林草地面积的70％以上；

3）植被覆盖度显著提高，由原来的不足7％提高到30％以上；

4）蓄水保土能力大大增强，溪河洪水灾害严重的局面得到改善；

5）防洪堤的修建，提高防洪标准，使人们安居乐业、社会稳定；

6）经济效益明显，群众生产、生活水平显著提高。

措施配置原则：

1）以水利工程治理为主。新建防洪护岸工程4.5km，以及其他配套水利设施等。

2）以合理利用土地为辅。流域综合防治措施应按照当地的自然条件和社会经济状况，在明确生产发展方向、合理利用土地的前提下，采取积极有效的措施开发利用国土资源。

3）除害兴利，层层排蓄。全面考虑上下游、左右岸，除害兴利，层层排蓄，突出重点，合理配置各项溪河洪水治理措施，充分发挥综合治理措施的防护功能。

4）治坡与治沟相结合。在治理中必须坡沟兼治，生物措施与工程措施相结合，从上游到下游，种草造林，层层排蓄，建立与中小型水利工程相结合的综合防治体系，达到溪河洪水灾害的治理目的。

5）治理与开发相结合。在治理溪河洪水的同时，重视经济资源的开发利用，增加群众收入，以经济开发促治理，切实做到治理与开发相结合，当前利益与长远利益相结合，大力发展多种经营，促进商品经济发展，使农民尽快脱贫致富。在流域治理中，坚持以治为主、防治并重、治管结合的原则，认真贯彻《中华人民共和国防洪法》，充分发挥治理工程的作用，加强监督管理，严禁乱挖、乱采等破坏生态环境的行为，防止溪河洪水灾害的发生。

措施布局：

对坡度大于25°的坡地逐步实施还林还草的措施。根据具体地形地貌，可以采取坡改梯、保土耕作等措施。对于主沟和支沟附近，靠近水源或便于引水的耕地，保证流域内人均耕地3亩，以基本农田为前提，开展坡改梯工程，并配套水源，其他耕地采取保土耕作措施。对于小流域内采取补植措施。

小型水利工程措施主要布置在主沟上游和其他各条支沟内（其他措施配套水系除外），通过修建谷坊群、拦沙坝、水平截流沟、蓄水池、沉沙凼等措施，削减地表径流量，防止水土流失，稳固地形地貌，减少山洪灾害的发生。

7.2 泥石流沟治理

7.2.1 泥石流沟治理目标与措施

随着全区经济持续快速增长,区内人类工程活动日益频繁,迫切需要制定出一个全面的、科学的泥石流沟灾害治理规划,以指导全区境内有组织、有计划地进行地质灾害防治,最大限度地减轻或避免因地质灾害造成的人员伤亡和财产损失。

西藏自治区泥石流沟灾害治理规划的指导思想是"以人为本、以防为主、防治结合、群测群防",通过对地质灾害采取工程和非工程措施(监测、避让、生物治理等)综合防治,确保人民生命财产安全,保持社会经济的持续、协调发展。

通过规范人类工程活动,减少和控制由于人为因素而诱发新的地质灾害,对已存在的泥石流灾害隐患点,根据其规模、危险性和危害性进行综合分析、评估,采取相应的监测、避让、生物及工程防治措施,使整体防治效益最优化,最大限度地保护人民群众生命财产及重要工程设施安全,将地质灾害造成的损失和社会影响降到最低限度,从而达到防灾减灾的目的。

山洪泥石流防治标准是以其工程设计保证率来表达的,即保证山洪泥石流防治工程的设计能力,能控制相应频率下的不致造成危害的山洪泥石流规模。防治工程标准愈高,工程则愈安全,但所需的防治费用就愈多。就山洪泥石流灾害而言,山洪泥石流防治标准除决定于被保护对象的安全要求外,同时还受到山洪泥石流的类型、活动规模、危害程度及发展趋势的影响。一般来说,山洪泥石流的规模愈大,破坏作用就愈大,造成的危害就愈重。但当承载体(受害对象)的价值不同,造成的危害也就不一样。规模小的泥石流若危害价值很高的保护对象,同样会造成大灾害。正处于发展期的泥石流,其规模与危害都将会有进一步增大的可能。但处于衰退期的泥石流,虽然在短期内仍有一定的危害,随着所处环境逐步转入良性循环,泥石流的活动规模与危害必将减小,防治标准就应适当降低,但不能小于防洪所规定的标准。总之,泥石流防治标准应实事求是地根据被防护对象的价值及泥石流自身的活动规模与特点综合进行确定,不适当地提高或降低防治标准均会给国家造成损失。

7.2.2 典型泥石流沟防治

(1)基本情况

扎囊县地处西藏中南部,位居藏南雅鲁藏布江中游河谷地带,藏语意为"刺树沟内,山桃林中"。南北均为高山,沿江两岸为谷地,特殊的地理环境孕育着灿烂的文化和风土人情,著名的敏珠林寺就坐落于扎囊县城东敏珠林沟内。

敏珠林寺是宁玛派(红教)在前藏的一个主寺,由居美多杰创建于 17 世纪中叶。占地面积 10 余万 m²,以注重研习天文历算、医学且文字书法优美而著称。敏珠林寺在研究宁玛派的历史、教义等方面，具有十分重要的地位。

近年来该沟泥石流灾害频繁发生，沟内 152 户 870 人的生命财产安全受到严重威胁；敏珠林寺 10 余万 m² 的寺庙建筑物将遭受冲毁和破坏；1870 亩耕地、550m 乡级公路将遭淤埋，若不防治任其发展，所造成直接经济损失将在 1500 万元以上。因此，开展敏珠林沟泥石流灾害防治，对保护人民群众生命财产安全，促进经济社会的快速发展，具有重大的意义。

（2）治理的可行性

根据现场调查资料，敏珠林沟流域属暴雨型稀性泥石流，具有频率较高、势能大、冲刷力强的特点。从泥石流发育规模分析，泥石流堆积扇长约 1500m、宽 550m，堆积体厚约 10m，体积在 400 万～450 万 m³，为巨型泥石流，敏珠林寺就坐落于泥石流古堆积扇上，周围发育有小型泥石流沟。根据泥石流活动特征、危害特点，在扇体两侧边缘修建排导槽，对泥石流进行疏通，提高沟道排泄能力，在沟口施以稳拦等治理工程措施，使泥石流携带的固体物质在指定的地点停淤，可以消除或最大限度地减轻泥石流对敏珠林寺的危害。

敏珠林沟泥石流已受到当地政府的高度重视，在沟谷右侧修筑了近 200m 的干砌石防洪堤，总体上起到了一定的防治作用，但由于标准太低，加之年久失修以及人为破坏等原因，防洪堤部分堤段已被冲毁、垮塌，呈不连续状态，难以抵御更强大的泥石流。因此，治理时需在原有防洪堤的基础上加固、改造，新建排导槽，减轻洪流对防洪堤的冲刷等。山洪灾害的治理工程在国内外已有许多先例和成功经验，结合工程措施和非工程措施完全可行。

（3）指导思想、原则及目标

1）指导思想

在充分掌握泥石流发育规律及危害特点的基础上，利用科学技术方法和手段，因地制宜，因势利导，优化设计，保证质量，注重实效，用最少的投入获得最大的社会效益和经济效益。

2）基本原则

a. 防治工程要符合当地的实际情况，工程技术措施得力，治理工程安全可靠，使当地人民安居乐业，经济迅速发展。

b. 防治工程布置要因地制宜，突出重点，充分利用当地人力、物力资源，节省工程投资。

c. 防治工程设计要以保护环境、优化环境为原则，从保护古建筑角度出发，合理布设工程，并与周围景观协调一致。

3）防治目标

a. 排导、拦截等治理工程在设计频率 $P = 2\%$（日降水量 50mm）时，治理工程有效。

b. 排导槽等工程在最大流深 1.5m 条件下，治理工程有效。

（4）泥石流形成条件及基本特征

1）形成条件

泥石流分布区为中—深切割高山区，周围山岭海拔均在 4100m 以上，最高 4693m，最低 3680m，最大高差达 1789m。敏珠林沟流域面积为 14.8km²，沟床纵坡降 143.4‰，危险区面积为 6.5km²，具有地形起伏大、岭谷间高差悬殊、沟深坡陡、冲沟密集等特点，汇流条件好，易形成较大规模的沟道径流。

区内地层岩性为泥石流固体物质的补给提供了有利条件。在强烈的寒冻风化、融冻剥蚀等内外营力作用下，岩石风化强烈，沟坡广泛分布残坡积物，在重力和水流作用下运移至坡麓沟床，成为各种沟道堆积物。长期的积累使沟内松散固体物质储量大，分布集中，有利于对泥石流的补给。

该区属内陆高原温带半干旱气候，干湿季节分明。据西藏自治区气象局的资料，多年平均降水量 424mm，雨季多集中在 5—9 月，占年降雨量的 80% 以上，雨量集中，历时短，一遇暴雨可迅速形成泥石流。

2）活动特征

调查期间降雨偏少，泥石流活动特征的大部分指标根据勘查资料参照有关泥石流防治的经验公式确定，经过对比分析，基本符合当地泥石流的实际情况。

3）发展趋势

地形地貌条件和不良物理地质作用是松散固体物质积累的主要因素，暴雨是泥石流形成的触发因素，在陡峻的地形条件下，沟谷深切，沟内松散固体物质丰富，植被稀少，产汇流加快，一遇暴雨势必暴发泥石流。

根据对沟域地形地貌形态分析，敏珠林沟属壮年期，泥石流正处于一个旺盛时期。沟域内有松散固体物质约为 $3.5 \times 10^6 m^3$。随着灾害天气的不断增加，泥石流活动周期缩短，发生的频率逐渐增加，在暴雨的激发下，还有可能产生规模空前的泥石流，敏珠林沟将遭受严重毁坏，造成的直接经济损失估算达 1500 万元以上，间接的经济损失和社会影响无法估算。因此，急需采取工程措施治理，避免和减轻泥石流危害。

（5）治理工程方案

防治工程主要针对泥石流形成条件和激发因素的主次关系进行。治理方案选择考虑近期与长远规划相结合，在充分利用土地资源的同时，治理工程的设计和施工还应考虑保护环境和优化环境等，力求投资省，施工便利。

在泥石流防治方案上应因地制宜、因势利导地合理选用工程措施并辅以生物防治措施，达到治理泥石流灾害，改善流域小气候环境的目的。根据泥石流的形成条件、活动特征及危害特点，初步防治工程方案有：①以拦截为主的方案；②以排导为主的方案；③排导、拦截并重的方案。

综合分析上述各方案认为:以拦截为主的方案,通过修建一系列拦砂坝、谷坊坝等拦挡工程,拦截泥石流的固体物源,对遏制泥石流的形成起到很好的作用,但大规模修建拦砂坝、谷坊坝受多种因素限制,敏珠林沟口狭窄,坡降大,不利于修筑拦砂坝,并且点多面广,施工难度较大,周期长,见效慢,投资较大,治理效果并不理想;以排导为主的方案,在现有防洪工程基础上加固,改造排洪道,加大断面过流能力,在技术措施上可行,具有工程量小、投资省、施工快的特点,但对泥石流固体物质控制不力,把大量固体物质引向下游,加重了泥石流对敏珠林沟的危害;排导、拦截并重工程方案,在充分利用现有防洪工程基础上,针对各沟地形特点和泥石流特征,采取不同工程措施,稳定松散固体物源,减小泥石流的规模和危害,同时改善区内环境,该方案的设计合理,施工方便,投资省,技术措施有保证。

7.3 防灾预案及救灾措施

7.3.1 完善防灾减灾预案与演练机制

要制订和不断修订完善各类山洪灾害应急预案,并进行必要的有针对性的演练。山洪灾害防灾预案是为预防山洪灾害事先做好防、救、抗各项工作准备的方案。

山洪灾害和其他自然灾害一样,既具有自然属性,又有社会属性。由于山洪成灾速度快,受灾区大多为经济相对不发达地区,人口分散,交通、通信不畅,预报、保护和救护难度大。山洪灾害的防御多采用躲灾、避灾方法,房屋、公路和铁路应尽量避开山洪灾害的高风险区。成灾暴雨发生时,人应及时躲避。

山洪灾害防治区应贯彻"安全第一,常备不懈,以防为主,防抗救相结合"的原则。落实行政首长负责制、分级管理责任制、技术人员责任制和岗位责任制。明确防御山洪灾害的组织机构和指挥机构,落实人员职责,制定强化行政指挥手段和责任人的责任意识的措施。特别是计划、财政、水利、国土、气象、交通、广电、农牧、林业、城建等部门,要在政府的统一领导下,切实加强领导,履行各自职责,密切配合,协同做好山洪灾害的防御工作。各级防汛抗旱指挥部负责本区域的山洪灾害防御工作,有山洪灾害防御任务的乡(镇)防汛抗旱指挥机构设信息、监测、转移、调度、保障等工作组。各村建立以村主要负责人为直接责任人的山洪灾害防御工作组,并成立以基干民兵为主体的应急抢险队,每个村组均需根据本村地形及人员分布情况确定若干名信号发送员。

山洪灾害应急演练可粗略划分为三类:模拟演练如预测预报、洪水调度、桌面推演等,实战演练如工程抢险、受困人员救援、应急会商等,模拟与实战综合演练。应急模拟演练是为了尽量节省费用,减少对社会的干扰,达到检验或验证山洪灾害应急预案、方案、措施、技术等的目的,组织实施的不真实动用实体防洪工程、抢险、排险、人员转移、遇险救援等措施的演练,包括数字模拟和物模推演、会商、指令下达、调令传送等。

根据拟开展山洪灾害防治实战演练的相应项目,针对相对复杂的、较困难的局面,针对事件或行动的整个过程进行应急演练的设计,要有进程控制和全过程记录,要实施必要的操作(电话通话、调令传输等),要实施演练评估和总结。要对工程抢险(管涌、滑坡、渗漏、散浸、漫溢)、遇险人员解救(被困、遇险)、蓄滞洪区运用(扒口分洪、爆破)、江河应急清障(爆破阻水建筑、清除林木)、人员转移安置(分洪转移、山洪转移)及防汛抢险设备、技术、方法进行检验。山洪灾害防治应急模拟与实战结合综合演练根据拟演练对应的预案和规则进行设计,要组成专门的演练设计团队,提前详细研究覆盖模拟演练与实战演练设计全部内容、针对整个演练行动的全过程,做好意外事件应对方案,要实施演练评估和总结。

应急演练要严格按照山洪灾害应急预案和防汛预案进行设计,演练的一个主要目的就是查找预案存在的问题。只有严格按照预案进行设计才能发现指挥调度和实施程序上存在的薄弱环节,严格按照预案设计是查找调度命令传送以及有关部门和单位配合与衔接的较好方法。应急演练一定要根据当地的具体情况和特点、要针对可能存在问题的项目进行设计,要考虑到日常工作中感觉可能存在不足的项目、很久没有实施演练的地方、相关人员发生了很大变化的时候、需要经常演练的一些技术性较强的环节、衔接单位较多且实施程序较复杂的部门。一些工程抢险项目声音巨大、人声沸腾,需群众参与、部门协作的项目规模宏大,需要场地大(车船多、人员多),可能动用警报设备,应急演练要避免或减少对民众社会生活的干扰。应急演练要注意检验新技术、新设备、新方法,一定要特别注意人员的安全,特别是注意参与群众的安全。

案例1　突发性山洪灾害应急预案(仅供研究参考的模拟应急预案)

为建立和完善山洪灾害应急抢险救援体系,提高灾害应急反应能力和防御工作水平,避免或尽可能地减轻灾害造成的损失,确保人民生命财产安全,维护社会稳定,根据《中华人民共和国防洪条例》《中华人民共和国总体应急预案》等规定,结合实际,制定本预案。

一、总则

本预案所称突发性山洪灾害是指因自然因素或人为活动引发的危害人民生命和财产安全的溪河洪水、泥石流、山体崩塌、滑坡、冰湖溃决等自然灾害。

山洪灾害应急工作必须遵循"统一领导、分工负责;分级管理、属地为主;未雨绸缪、有备无患"的原则。县级以上人民政府要坚持预防为主的原则,高度重视预防、预报和预警工作,参照本预案制定本行政区的突发性山洪灾害应急预案。

二、山洪灾害分级

各类突发性山洪灾害依据其性质、严重程度、人员伤亡、经济损失、可控性和影响范围等因素,一般分为Ⅰ级(特别重大)、Ⅱ级(重大)、Ⅲ级(较大)和Ⅳ级(一般)。具体标准如下:

(一)Ⅰ级山洪灾害

1. 因溪河洪水、泥石流、山体崩塌、滑坡、冰湖溃决等自然灾害造成30人以上死亡;直接经济损失 1000 万元以上。

2. 受山洪灾害威胁,需转移人数在 1000 人以上;潜在可能造成的经济损失在 1 亿元以上。

3. 造成大江大河支流被阻断,严重影响群众生命财产安全。

(二)Ⅱ级山洪灾害

1. 因溪河洪水、泥石流、山体崩塌、滑坡、冰湖溃决等自然灾害造成 10 人以上、30 人以下死亡;直接经济损失 500 万元以上、1000 万元以下。

2. 受山洪灾害威胁,需转移人数在 500 人以上、1000 人以下;潜在经济损失 5000 万元以上、1 亿元以下。

3. 造成铁路繁忙干线、国家高速路网公路、民航和航道中断;严重威胁群众生命财产安全、有重大社会影响。

(三)Ⅲ级山洪灾害

1. 因溪河洪水、泥石流、山体崩塌、滑坡、冰湖溃决等自然灾害造成 3 人以上、10 人以下死亡;直接经济损失 100 万元以上、500 万元以下。

2. 受山洪灾害威胁,需搬迁转移人数在 100 人以上、500 人以下;潜在经济损失 500 万元以上、5000 万元以下。

(四)Ⅳ级山洪灾害

1. 因溪河洪水、泥石流、山体崩塌、滑坡、冰湖溃决等自然灾害造成 3 人以下死亡;直接经济损失 100 万元以下。

2. 受山洪灾害威胁,需搬迁转移人数在 100 人以下;潜在经济损失 500 万元以下。

三、山洪灾害应急组织机构及其主要职责

(一)山洪灾害应急组织机构

根据需要成立山洪灾害应急指挥部,指挥部成员由发展与改革、财政、水利、经信、自然资源、商务、民政、卫生、公安、交通、宣传、广电、应急、旅游、市场监督、气象、通信、电力等部门和部队的负责人组成。指挥部下设若干个应急工作组,各工作组的部门与灾害出现地的对应部门共同开展应急工作。

(二)山洪灾害应急指挥部各工作组

综合协调组、抢险救灾组、公共安全组、生活安置组、基础设施组、卫生防疫组、宣传报道组等。

四、山洪灾害预测、预警及预警信息的发布

政府有关部门应建立山洪灾害预测预警系统,按照突发性山洪灾害发生、发展的规律和特点,分析可能造成的危害程度、紧急程度和发展的态势,及时向社会和公众作出预警。水利主管部门会同建设、国土资源、交通、气象、水文等部门加强山洪灾害险情的动态监测,对出现山洪灾害前兆、可能造成人员伤亡或重大财产损失的区域和地段,及时划定危险区,并设置警示标志予以公告。

山洪灾害预警级别与突发公共事件分级标准一致，一般分为Ⅰ级、Ⅱ级、Ⅲ级和Ⅳ级，依次用红色、橙色、黄色和蓝色表示。

当突发山洪灾害已经发生，但尚未达到Ⅳ级标准时，所在地政府要发布Ⅳ级预警信息，并向×××政府报告；当突发山洪灾害超过Ⅳ级标准，但尚未达到Ⅲ级标准时，×××政府要发布Ⅲ级预警信息，并向×××政府报告；当突发山洪灾害超过Ⅲ级标准，但尚未达到Ⅱ级标准时，×××政府要发布Ⅱ级预警信息，并向×××政府报告；当突发山洪灾害超过Ⅱ级标准时，×××政府要发布Ⅰ级预警信息，并向×××政府报告。

政府有关部门、单位要及时、准确地向×××政府报告Ⅳ级以上突发山洪灾害的有关情况，并根据突发山洪灾害的危害性和紧急程度，发布、调整和解除预警信息。预警信息包括突发山洪灾害事件的类别、预警级别、起始时间、可能影响范围、警示事项、应采取的措施和发布机关等。

山洪灾害预警信息的发布、调整和解除可通过广播、电视、报刊、通信、信息网络、警报器、宣传车或组织人员逐户通知等方式进行，对老、幼、病、残、孕等特殊人群以及学校、企业等特殊场所和警报盲区应当采取针对性强的公告方式。

五、应急处置

(一)速报制度

1. 速报原则：情况准确，上报迅速，县为基础，续报完整。

2. 速报程序：

(1)发生Ⅰ级山洪灾害后，灾害所在地山洪灾害应急指挥部应于2小时内速报×××山洪灾害应急指挥部，将有关情况及时通报相关部门和可能受山洪灾害影响的县市区，同时越级速报×××政府和相关部门，并根据灾情进展，随时续报，直至调查结束；

(2)发生Ⅱ级山洪灾害后，灾害所在地山洪灾害应急指挥部应于6小时内速报×××政府和相关部门，并根据灾情进展，随时续报，直至调查结束；

(3)发生Ⅲ级山洪灾害后，灾害所在地山洪灾害应急指挥部应于12小时内速报×××政府和相关部门；

(4)发生Ⅳ级山洪灾害后，灾害所在地山洪灾害应急指挥部应于24小时内向×××山洪灾害应急指挥部报告。

3. 速报内容：(1)速报材料应根据已获信息，说明山洪灾害发生地点、时间、信息来源、影响范围、伤亡人数、山洪灾害类型，尽可能说明灾害体的规模、可能的诱发因素、地质成因、发展趋势和已经采取的措施等。同时提出主管部门所采取的对策和措施。

(2)山洪灾害应急调查结束后，灾害所在地山洪灾害应急指挥部应及时向×××山洪灾害应急指挥部提交山洪灾害应急调查报告。内容包括：

①发生的时间；

②发生的地点,包括行政区、县、乡镇、村等;

③伤亡人数,已造成的直接经济损失,可能的间接经济损失;

④山洪灾害类型,山洪灾害规模(级别);

⑤山洪灾害发生原因,包括地质条件和诱发因素(人为因素和自然因素);

⑥发展趋势;

⑦已采取的防范对策、措施;

⑧今后的防治工作建议。

(二)山洪灾害应急处理程序

1. 先期处置。突发山洪灾害事件发生后,事发地政府和有关部门要立即采取措施,先期组织开展应急救援工作,采取措施控制事态发展,及时向上级政府报告。

2. ×××山洪灾害应急指挥部办公室收到灾情或险情报告后,应迅速核查消息是否准确。核查属实后,立即报告×××山洪灾害应急指挥部指挥长。同时指派山洪灾害调查监测组立即赶赴现场进行调查和指导应急处理,查明山洪灾害灾情、类型和规模、引发因素、发展趋势、抢险救灾进展情况,提出具体防灾措施建议,并及时向×××山洪灾害应急指挥部办公室汇报情况。

3. 由×××山洪灾害应急指挥部指挥长主持召开山洪灾害应急指挥部成员会议,组织指挥部成员听取灾情(险情)报告,会商确定是否启动预案。若突发性山洪灾害达到Ⅲ级以上山洪灾害标准时,由指挥部指挥长正式签批启动令,及时启动区级山洪灾害应急预案,并向×××政府报告。当突发山洪灾害达到Ⅳ级标准时,所在地政府立即启动本级突发性山洪灾害应急预案,并向×××政府报告。

(三)指挥与协调

需要×××政府处置的突发山洪灾害,由×××政府山洪灾害应急指挥部统一指挥和指导,开展应急处置工作。×××政府山洪灾害应急指挥部主要负责组织协调有关县区和部门负责人、专家和应急队伍参与应急救援;制定并组织实施抢险救援方案;协调有关县区和部门提供应急保障;部署做好维护现场治安秩序和当地社会稳定工作;及时向×××政府报告应急处置工作进展情况;研究处理其他重大事项。

事发地政府负责成立现场应急指挥部,在×××政府山洪灾害应急指挥部的统一指挥和指导下,负责现场的应急处置工作。

(四)扩大应急

发生或者即将发生Ⅰ级山洪灾害,依靠一般应急处置队伍和社会力量无法控制和消除其严重危害时,实施扩大应急行动。

实施扩大应急时,除向×××政府报告情况请求协调处置外,×××区、县政府和有关部门、单位要及时增加应急处置力量,加大技术、装备、物资、资金保障力度,加强指挥协调,努力控制事态发展。

（五）应急结束

突发山洪灾害应急处置工作结束，或者相关危险因素消除后，现场指挥部在充分听取专家组意见后提出终止应急工作请示，报×××山洪灾害应急指挥部或×××应急管理机构批准，由现场指挥部宣布终止应急状态，现场应急指挥机构自行撤销。

六、恢复重建

1. 善后处置

对突发山洪灾害中的伤亡人员、应急处置工作人员以及紧急调集、征用有关单位及个人的物资，要按照规定给予抚恤、补助或补偿，并提供心理及司法援助。有关部门要及时调拨救助资金和物资，做好疫病防治和环境污染消除工作。保险机构要快速介入，及时做好有关单位和个人损失的理赔工作。

2. 调查和评估

Ⅰ级、Ⅱ级突发山洪灾害处置结束后，×××政府相关部门、单位要会同事发地县区政府，对突发山洪灾害的起因、性质、影响、责任、经验教训和恢复重建等问题进行调查评估，并向×××政府提交书面报告。Ⅲ级和Ⅳ级突发山洪灾害处置结束后，县区政府及其相关部门也要组织开展调查评估。×××政府山洪灾害应急指挥部及有关部门每年第一季度对上年度发生的Ⅳ级以上突发山洪灾害进行全面评估，并报×××政府备案。

3. 恢复重建

恢复重建工作由事发地县区政府负责。需要区政府援助的，由事发地县区政府提出请求，区政府有关部门根据调查评估报告和受灾地区恢复重建计划，提出解决建议或意见，按规定报经批准后组织实施。在具体的灾后重建中各主管部门要积极组织调查灾情，会同当地政府帮助受灾群众恢复生产，将灾害造成的损失降低到最低程度，国土资源主管部门会同有关专业人员选择适宜居住的安全地点，当地民政部门应协助灾民修建住房。对新选择的居民点、厂矿企业的建设场地，必须进行建设用地山洪灾害危险性评估，防止发生新的山洪灾害。

七、应急保障及备灾工作

1. 实行山洪灾害调查制度

×××政府应对辖区内容易引发山洪灾害的危险源、危险区域进行调查、评估、登记，定期进行检查、监控，责令有关单位采取安全防范措施，建立健全山洪灾害群防体系。在山洪灾害重点防范区内，乡镇人民政府、基层群众自治组织应当加强山洪灾害险情的巡回检查，对危害较大的山洪灾害隐患点，编制山洪灾害风险图，明确山洪灾害安全区、危险区和转移避险路线，要编制防灾及应急预案，确定发生山洪灾害时的预警信号、人员财产撤离转移路线等，加强监测，落实责任人和监测人，发现险情要及时处理和报告。

2. 建立应急抢险队伍

各县区要加强山洪灾害救灾装备、抗险队伍建设，要组建山洪灾害应急抢险队伍，配备专用救灾车辆和通信工具,确保出现灾情后紧急救助措施能及时到位,受灾人员能得到及时救助。

3. 完善救灾物资储备制度

灾害多发县区的民政、卫生、食品、药品等部门,要做好抢险救灾物资,包括救灾帐篷、衣被、食品、饮用水等的储备工作,确保灾后24小时内能送达灾区。

4. 提高公众防灾减灾意识

×××政府应当组织有关部门开展山洪灾害防治知识的宣传教育,结合山洪灾害防治方案和应急预案进行演练,增强公众的山洪灾害防治意识和自救、互救能力,最大限度地减轻灾害造成的损失。

案例2　某省山洪灾害防治应急演练脚本(仅供研究参考的模拟应急预案)

一、演练筹备

成立专门的山洪灾害防治应急演练筹备组,提前一个月研究演练方案,寻找合适演练场地,根据演练科目设置演练实体,比如:操练用堤防、行洪障碍物、爆破炸药审批、现场架设演练背景展示屏幕等,协调参加演练的单位和人员准时到达演练现场。

1. 演练目的:某年某月某日,在某市举行山洪灾害防治应急演练。以实战应急演练为主,模拟演练为辅。演习以某河发生20年一遇洪水为背景,演练可能遇到的抢险应急主要事项。该流域内工程设施多,多年来没有经过山洪考验,洪峰高、来势猛、抢险难度大,以某河发生大水为背景组织演练。

2. 参演人员:参加单位和人员全部在演习现场。

3. 演习场地:在河岸开阔地设置观摩台、队伍集结区、科目演练区。

4. 演习方式:情景模拟,现场指挥,现场演练。应急演练共设置了12个科目,包括山洪预警及群众转移、闸坝联合调度、抢险队伍集结、水下查险与排险,打桩护岸、抢筑子堰、管涌抢护、封堵决口,城市排涝、水上救生、医疗救护、爆破清障。

(1)模拟科目:通过现场多媒体设备模拟展示雨情、水情、汛情、险情的发生、发展、结束等过程情景和有关部门监测预报、会商分析、研究决策、安排部署等工作环节。

(2)实战科目:演练可能出现的主要险情的处理。

5. 演练防御洪水背景:某年某月某日某时,某河流域上游普降大到暴雨,山区山洪暴发,某水文站发生超20年一遇溪河洪水,河流水位暴涨,堤防部分险工段受洪水冲刷导致塌岸,局部出现管涌、滑坡等险情,根据《某市山洪灾害应急预案》,市防指先后启动防汛Ⅳ、Ⅲ、Ⅱ级应急响应,全力组织防汛抢险,及时处置历史罕见山洪灾害,军民协作开展防汛抗洪斗争。

二、演练过程

1. 演练序幕:讲解演练目的、内容和总体安排,简介山洪灾害及防汛概况,介绍观摩演练领导,下达演习开始指令。

2. 演练开始:介绍演练防御的山洪灾害及洪水背景。全市普降暴雨,多地同时发生强降雨导致山洪暴发。市防指召开防汛会商会,决定启动防汛Ⅲ级应急响应,调度闸坝腾空库容迎汛。

(1)演练科目一——山洪预警及群众转移:某河上游强降雨引发山洪,预警设施发出报警,某县防指迅速通知乡镇做好人员转移,乡镇村组干部迅速行动,组织受威胁群众抓紧时间转移到安全区域,避免人员伤亡。

(2)演习科目二——闸坝联合调度:某河洪水即将到来,某市防指下达调度令,各管理部门按照要求将河道内橡胶坝、拦河闸依次落坝提闸,将引水闸全部关闭,沿河工程管理单位组织人员上堤查险,保障洪峰安全通过。

(3)演习科目三——抢险队伍集结:汛情持续,某河部分河段堤防可能出现险情,市防指启动Ⅱ级应急响应,各有关部门各负其责,下达调令,防汛抢险队伍紧急集结。

(4)演习科目四——水下查险与排险:某河道内某橡胶坝闸门失灵,不能开启,影响洪水下泄。按照命令,市水利防汛抢险队赶赴现场,潜水队员采取水下切割焊接技术紧急修复,排除险情。

(5)演习科目五——打桩护岸:某堤段出现滑坡坍塌险情,防汛抢险应急分队赶赴现场,采用新型打桩机打桩、组织抢险人员迅速布置铅丝笼,投放石块、防汛沙袋,运用传统方式打桩护岸,控制险情。

(6)演习科目六——抢筑子堰:某河洪水迅速上涨,某乡河段可能发生洪水漫溢险情,某县防汛抢险应急分队迅速赶赴现场,在河道断面比较窄的河段采用传统沙袋加高加固防洪堤,在下游河道断面比较宽的河段采用传统沙袋抢修子堤,运用新型装配用具抢筑子堤,排除险情。

(7)演习科目七——管涌抢护:某河道险工段出现管涌险情,防汛抢险应急分队迅速赶赴现场,采用新型装配式反滤围井、传统沙石围井等快速排除堤防管涌险情。

(8)演习科目八——封堵决口:某河段堤防发生决口,县防汛抢险应急分队赶赴现场,采取钢木土石组合堵口、传统立堵两种方式,成功封堵决口。

(9)演习科目九——城市排涝:强降雨造成某市区一些低洼地区发生内涝积水,城市排涝抢险队赶赴现场,首先检查疏通城市排水管网,同时采用先进的多功能联合疏通车迅速疏通排水管道,迅速架设泵站排水。

(10)演习科目十——水上救生:110接报,某段河道内中有群众被困,市消防救援支队抢险救灾突击队、某通用航空救灾基地飞行队分别乘冲锋舟、直升飞机赶赴现场,迅速解救水上被困群众。

(11)演习科目十一——医疗救护:落水群众被救上岸后,因溺水受伤昏迷,医疗救援分队迅速赶赴现场,实施应急救护,然后送往医院医治。

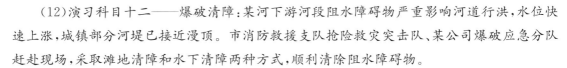
（12）演习科目十二——爆破清障：某河下游河段阻水障碍物严重影响河道行洪，水位快速上涨，城镇部分河堤已接近漫顶。市消防救援支队抢险救灾突击队、某公司爆破应急分队赶赴现场，采取滩地清障和水下清障两种方式，顺利清除阻水障碍物。

三、演习结束

主要参演队伍集结，队伍授旗仪式，领导讲话和接见，简短总结演练情况。各参演单位总结评估演练情况，查找不足，完善预案。

通过演练增强了干部群众的防汛意识，检验了预案和各级防汛抢险队伍实战能力，提高了防汛应急处置能力。

7.3.2 强化救灾措施

提高对山洪灾害的认识，普及防御山洪灾害的基本知识，建立抢险救灾工作机制、确定救灾方案、成立抢险突击队、落实补偿和保险措施等，减少或避免人员伤亡，减少财产损失。

（1）提高对山洪灾害的认识，普及防御山洪灾害的基本知识

山洪灾害防御指挥机构设立办事机构，办事机构除在山洪灾害发生时协助指挥救灾外，在平时反复深入调查了解情况，做到家喻户晓、人人皆知；努力创造条件，不断改造和完善本辖区的交通、通信设施和防御山洪灾害的组织领导体系，提高预警预报和抢险救灾的快速反应能力；积极组织村民开展多种途径和方式的互助互救活动，制定并完善互助互救方案。平时通过有意识的培训引导，形成制度，长期坚持下去。在临险遇灾时，及时形成社会合力，有效地做好临灾转移、安置及灾后的恢复工作。

（2）建立抢险救灾工作机制，确定救灾方案

各级山洪灾害抢险救灾指挥机构和办事机构应明确各级机构的具体职责。各级防汛抗旱指挥部和民政部门是同级人民政府抢险救灾的指挥和实施机构，指挥机构在山洪灾害发生时，按照本地区山洪灾害防治预案，确定救灾的抢险方式、人员调动、物资调拨、转移方法、转移路线、安置方法等。

（3）落实具体救灾措施，成立抢险突击队

山洪灾害往往是始发于某一地点或部位，迅速形成洪水、泥石流，袭击下游沿线。在得到山洪灾害警报后，迅速组织抢险突击队进行救灾。救灾防灾的第一步是要因地制宜地采取措施，尽快地通知可能受灾区做好转移的准备。转移时应本着就近、就高、迅速、安全、有序的原则进行，先人员后财产、先老幼病残后其他人员，先转移危险区人员后转移警戒区人员。采取各种措施，最大限度地减少人员伤亡。

根据本地区山洪灾害的范围、程度、类型及涉及人口数量，成立相应规模的机动抢险队。机动抢险队应熟悉救灾的方位、地点、预警信号和安全转移路线；掌握水库、山塘抢险用砂石

料搬运堆放的基本知识;平时进行安全转移线路上的扫障、开路、架桥等训练。

(4)做好灾后补偿和重建工作

应妥善安置好灾区群众,做好灾后的防疫救护和安抚工作,杜绝灾后传染疾病的发生。依照有关政策实行救灾补偿或实行保险理赔,帮助灾民进行灾后重建。正确选择宅基地,尽量避免将房屋建在危险区、警戒区内。

7.3.3 完善防灾救灾法制

依靠法律法规和科普教育宣传是加强山洪灾害防治的重要非工程措施。

我国与洪水灾害相关的法律为《中华人民共和国水法》《中华人民共和国防洪法》《中华人民共和国水土保持法》《中华人民共和国防汛条例》《中华人民共和国河道管理条例》等,我国还没有专门颁布与山洪灾害直接相关的法律条文,依法治国、依法行政、依法从事一切涉河涉水活动的目的就在于合理开发、利用、节约和保护水资源,防治水害,实现水资源的可持续利用;预防和治理水土流失,保护和合理利用水土资源,防治洪水,防御、减轻洪涝灾害,减轻水、旱、风沙灾害,维护人民的生命和财产安全。我国山洪灾害防治实行"安全第一,常备不懈,以防为主,全力抢险"的方针,遵循团结协作和局部利益服从全局利益的原则,实行各级人民政府行政首长负责制,实行统一指挥,分级分部门负责,各有关部门实行防汛岗位责任制。

《防洪法》第40条规定:有防汛抗洪任务的县级以上地方人民政府根据流域综合规划、防洪工程实际状况和国家规定的防洪标准,制订防御洪水方案(包括对特大洪水的处置措施)。《防汛条例》第12条规定:有防汛任务的地方,应根据经批准的防御洪水方案制订洪水调度方案。还有很多关于防汛应急预案的规定,各级各有关单位按照规定制定了很多防汛应急预案,每年视情况组织演练,提高实战能力。

7.3.4 加强防灾救灾科普教育宣传

山洪灾害科普教育是山洪防治工作的重要组成部分,对于增强民众的自我保护、自救互救能力和参与防灾救灾的自觉性具有十分重要的意义。美国与日本是世界上最重视防灾科普教育的国家,具有丰富的科普教育经验,值得我们学习和借鉴。

日本与美国在山洪灾害科普方面均具有以下特点:充分利用网络、电视、手机 App、出版物等向社会公众传播防灾知识;具有明确的目标人群;主题突出,风格鲜明,趣味性、互动性强;重视学校的防灾减灾教育,开展必要的避难训练,使儿童从小树立防灾意识。

日本的防灾教育主要包括对国民的防灾教育和训练,机关事业团体的专业性防灾教育和训练,政府组织的综合性防灾教育、训练和演习3大部分。公众通过演练、科普标识牌、科普手册、网站等获取山洪灾害知识。科普网站设计简洁有趣,内容详细,涉及灾害认识、避难方法、伤员救治、野外生存技巧等。日本的防灾教育训练贯穿公民的一生。每年各个地区均进行密集的防灾讲座、演练。政府部门及社会团体灾后均会开展自省讨论,反省日常防灾工作中的不足之处。在灾害防治区,每所小学均专门印制灾害科普书籍及手册,并定期开展科普演练工作,从小学至大学均设有防灾课程,防灾观念深入人心。

美国相关政府部门网站下均设有科普子栏目,内容鲜明简洁,分为初级、中级、高级 3 种难度,多以卡通形式呈现,通过互动答题、游戏晋级等方式传递灾害知识。内容涉及灾害危害、应急物资及工具准备、家庭急救等。在涉水路段竖立警示牌,如针对驾车人群提出的"紧急掉头,避免溺水"。美国山洪灾害科普主要通过政府网站、专业科普网站、图书、演练等方式进行,公众通过演练、海报、手机、手册、网站等获取山洪灾害知识。政府将灾害预防落实到每个家庭,要求制定家庭急救计划,明确联系的方式、逃生路线等;家庭急救计划须放在应急袋中,置于易于拿到的安全位置。联邦紧急事务署通过制作各种有关防灾减灾的专题片,在广播、电视及网络上播放。一些防洪模型、实验室对民众开放,进行潜移默化的宣传教育[97,98]。

我国山洪灾害科普网站宣传内容应尽可能简单生动,增加互动内容,应更加贴近科普人群的知识层次,结合具有地方特色的民歌、戏曲增加吸引力;增加灾害科普手册、书籍的出版,将灾害科普教育纳入山洪危害区学校的必学课堂内容,在电视台、广播、网络等增加山洪灾害宣传片的播放,通过征集灾害创意宣传片、宣传画、宣传标语等提高公众防灾减灾意识;普及避险自救基本常识、专业知识和技能技巧,不同人群应确定不同的演练内容,小学、幼儿园、养老院等机构的高危人群应该加强演练力度,加强我国广大山丘区农村留守儿童及老人山洪灾害科普教育工作。

参考文献

［1］姚檀栋,等.青藏高原中部冰冻圈动态特征［M］.北京:地质出版社,2002.

［2］中国科学院青藏高原综合科学考察队.西藏河流与湖泊［M］.北京:科学出版社,1984.

［3］中国科学院青藏高原综合科学考察队.西藏冰川［M］.北京:科学出版社,1986.

［4］除多.青藏高原与西藏气候［J］.华夏地理,2007(02):140-141.

［5］杨春艳,沈渭寿,林乃峰.西藏高原气候变化及其差异性［J］.干旱区地理,2014,37(02):290-298.

［6］德庆措姆,索朗旦巴.西藏气候的初步分析［J］.西藏科技,2002(08):49-51.

［7］徐宗学,巩同梁,赵芳芳.近40年来西藏高原气候变化特征分析［J］.亚热带资源与环境学报,2006(03):24-32.

［8］杜军,周顺武,唐叔乙.西藏近40年气温变化的气候特征分析［J］.应用气象学报,2000(02):221-227.

［9］樊红芳.青藏高原现代气候特征及大地形气候效应［D］.兰州大学,2008.

［10］刘义军,李林.西藏高原降水、气温气候特征分析［J］.成都气象学院学报,1999(01):100-104.

［11］韦志刚,黄荣辉,董文杰.青藏高原气温和降水的年际和年代际变化［J］.大气科学,2003(02):157-170.

［12］颜素珍.100例水灾害［M］.南京:河海大学出版社,2009.

［13］杨针娘等.冰川水文学［M］.重庆:重庆出版社,2001.

［14］巩同梁,王秀娟,谢玉红,等.西藏水文监测网络空间分布特征［J］.水文,2004(06):41-43.

［15］刘昌明.水文水资源研究理论与实践［M］.北京:科学出版社,2004.

［16］詹文安等.云南滑坡泥石流灾害防治［M］.昆明:云南大学出版社,2000.

［17］刘昌明.中国水文地理［M］.北京:科学出版社,2014.

［18］姬海娟,刘金涛,李瑶,等.雅鲁藏布江流域水文分区研究［J］.水文,2018,38(02):

35-40.

[19] 张菲,刘景时,巩同梁.喜马拉雅山北坡典型高山冻土区冬季径流过程:第一届青藏高原能量和水分循环国际研讨会,拉萨[C].地球科学进展,2006,21(12):1333-1338.

[20] 王皓,高洁,傅旭东,等.高山深谷地区的水文模拟——以拉萨河流域为例:水文模型国际研讨会,北京[C].北京师范大学学报(自然科学版),2010,46(3):300-306.

[21] 刘兆飞,徐宗学,巩同梁.雅江流域降水和流量变化特征分析:中国水利学会2006年学术年会,合肥[C].水文水资源新技术应用,2006(11):173-179.

[22] 黄浠,王中根,桑燕芳,等.雅鲁藏布江流域不同源降水数据质量对比研究[J].地理科学进展,2016,35(3):339-348.

[23] 李甲振,郭新蕾,巩同梁,等.无资料或少资料区河流流量监测与定量反演[J].水利学报,2018,49(11):1420-1428.

[24] 蒲健辰,姚檀栋,王宁练,等.近百年来青藏高原冰川的进退变化[J].冰川冻土,2004(05):517-522.

[25] 刘潮海,施雅风,王宗太,等.中国冰川资源及其分布特征——中国冰川目录编制完成[J].冰川冻土,2000(02):106-112.

[26] 万庆等.洪水灾害系统分析与评估[M].北京:科学出版社,1999.

[27] 徐乾清.中国防洪减灾对策研究[M].北京:中国水利水电出版社,2002.

[28] 中国科学院成都山地灾害与环境研究所.泥石流研究与防治[M].成都:四川科学技术出版社,1989.

[29] 李昭淑.陕西省泥石流灾害与防治[M].西安:西安地图出版社,2002.

[30] 唐川,等.云南滑坡泥石流研究[M].北京:商务印书馆,2003.

[31] 唐邦兴,等.中国泥石流[M].北京:商务印书馆,2000.

[32] 赵健,范北林.全国山洪灾害时空分布特点研究[J].中国水利,2006(13):45-47.

[33] 陈晓清,崔鹏,杨忠,等.近15a喜马拉雅山中段波曲流域冰川和冰湖变化[J].冰川冻土,2005,27(6):793-800.

[34] 何果佑.论西藏泥石流、滑坡的时空分布特性[J].水利规划与设计,2006(6):21-24,57.

[35] 朱平一,汪阳春.西藏公路水毁灾害[J].自然灾害学报,2001,10(4):148-152.

[36] 崔鹏,马东涛,陈宁生,等.冰湖溃决泥石流的形成、演化与减灾对策[J].第四纪研究,2003,23(6):621-628.

[37] 车涛,晋锐,李新,等.近20a来西藏朋曲流域冰湖变化及潜在溃决冰湖分析[J].冰川冻土,2004,26(4):397-402.

［38］刘伟.西藏典型冰湖溃决型泥石流的初步研究［J］.水文地质工程地质,2006,33 (3):88-92.

［39］吴积善,程尊兰,耿学勇.西藏东南部泥石流堵塞坝的形成机理［J］.山地学报, 2005,23(4):399-405.

［40］耿学勇.西藏东南部泥石流堵塞坝溃决及其洪水特征研究［D］.中国科学院·水利部成都山地灾害与环境研究所;中国科学院水利部成都山地灾害与环境研究所岩土工程,2006.

［41］熊俊楠,龚颖,程维明,等.西藏自治区近30年山洪灾害时空分布特征［J］.山地学报,2018,36(4):557-570.

［42］王铁锋,刘志荣,夏传清,等.西藏年楚河冰川湖考察［J］.冰川冻土,2003,25(z2): 344-348.

［43］王丽红,鲁安新,贾志裕,等.川藏公路西藏境道路病害遥感调查研究［J］.遥感技术与应用,2006,21(6):512-516.

［44］钟祥浩,刘淑珍,王小丹,等.西藏生态环境脆弱性与生态安全战略［J］.山地学报, 2003,21(z1):1-6.

［45］刘淑珍,范建容,朱平一,等.西藏自治区雅鲁藏布江中游地区环境灾害成因分析［J］.自然灾害学报,2001,10(2):25-30.

［46］倪晋仁,王兆印,王光谦.江河泥沙灾害形成机理及其防治研究［Z］.中国科学基金,1999(5):284-287.

［47］徐志高,李凤武,孙继霖.西藏沙化动态及其原因［J］.中南林业调查规划,2006,25 (3):15-18.

［48］施雅风.中国冰川与环境［M］.北京:科学出版社,2000.

［49］Horton R E. An approach toward a physical interpretation of infiltration-capacity ［J］. Soil science society of America journal,1941,(C)(5):399-417.

［50］刘昌明,李军,王中根.水循环综合模拟系统的降雨产流模型研究［J］.河海大学学报(自然科学版),2015(5):377-383.

［51］李军,刘昌明,王中根,等.现行普适降水入渗产流模型的比较研究:SCS与LCM ［J］.地理学报,2014,69(7):926-932.

［52］蒋忠信,崔鹏,蒋良潍.冰碛湖漫溢型溃决临界水文条件［J］.铁道工程学报,2004 (12):21-26.

［53］刘昌明,王中根,郑红星,等.HIMS系统及其定制模型的开发与应用［J］.中国科学(技术科学),2008,38(3):350-360.

［54］ 王中根,郑红星,刘昌明.基于模块的分布式水文模拟系统及其应用［J］.地球科学进展,2005,24(6):109-115.

［55］ 吕儒仁,等.西藏泥石流与环境［M］.成都:成都科技大学出版社,1999.

［56］ 巩同梁,刘昌明.环境变化条件下陆地表层系统水循环非均衡模式-水循环非均衡现象剖析与边际水循环概念:中国青藏高原研究会2006学术年会,中国安徽歙县［C］.第十届中国西部科技进步与经济社会发展专家论坛论文集,2009(9):183-188.

［57］ 夏军.可持续水资源系统管理研究与展望［J］.水科学进展,1997,8(4):370-376.

［58］ 刘昌明,等.流域水循环分布式模拟［M］.郑州:黄河水利出版社,2006.

［59］ 魏一鸣,等.洪水灾害风险管理理论［M］.北京:科学出版社,2002.

［60］ 刘希,林唐,等.泥石流危险性评价［M］.北京:科学出版社,1995.

［61］ 陈秀万.洪水灾害损失评估系统［M］.北京:中国水利水电出版社,1999.

［62］ 邓国卫,孙俊,郭海燕,等.四川绵竹山洪灾害风险区划［J］.高原山地气象研究,2013,33(2):69-73.

［63］ 邹隆建,钟鸣,杨小红,等.基于信息扩散理论的山洪灾害风险因子隶属度分析［J］.水资源研究,2016,5(06):599-605.

［64］ 索朗多吉,林志强.西藏地区山洪灾害预警研究和减灾对策分析［J］.中国农学通报,2016,32(31):195-199.

［65］ 李红霞,覃光华,王欣,等.山洪预报预警技术研究进展［J］.水文,2014,34(5):12-16.

［66］ 施雅风.中国冰川与环境［M］.北京:科学出版社,2000.

［67］ 秦大河,等.喜马拉雅山冰川资源图［M］.北京:科学出版社,1999.

［68］ 姚檀栋.要高度重视西部大开发中的冰川水资源问题［J］.中国科学院院刊,2003,18(1):58-60.

［69］ 何元庆,姚檀栋,张晓君,等.典型季风温冰川区大气-冰川-融水径流系统内环境信息的现代变化过程［J］.中国科学D辑(地球科学),2001(4):221-227.

［70］ 徐柏青,姚檀栋.达索普冰川海拔7100m处粒雪中空气的封闭(英文)［J］.冰川冻土,1999(2):380-384.

［71］ 张寅生,姚檀栋,蒲健辰.我国大陆型冰川消融特征分析［J］.冰川冻土,1996(5):53-60.

［72］ 姚檀栋,蒲健辰,田立德,等.喜马拉雅山脉西段纳木那尼冰川正在强烈萎缩［J］.冰川冻土,2007,29(4):503-508.

［73］ 姚檀栋.青藏高原南部冰川变化及其对湖泊的影响［J］.科学通报,2010,55

(18):1749.

[74] 姚檀栋,等.青藏高原冰川气候与环境[M].北京:科学出版社,1993.

[75] 王宁练,丁良福.唐古拉山东段布加岗日地区小冰期以来的冰川变化研究[J].冰川冻土,2002,24(3):234-244.

[76] 蒋熹,王宁练,贺建桥,等.山地冰川表面分布式能量-物质平衡模型及其应用[J].科学通报,2010,55(18):1757-1765.

[77] 施雅风,李吉均.80年代以来中国冰川学和第四纪冰川研究的新进展[J].冰川冻土,1994(1):1-14.

[78] 刘伟刚,任贾文,秦翔,等.珠穆朗玛峰绒布冰川消融与产汇流水文特征分析[J].冰川冻土,2010,32(2):367-372.

[79] 晋锐,车涛,李新,等.基于遥感和GIS的西藏朋曲流域冰川变化研究[J].冰川冻土,2004,26(3):261-266.

[80] 李吉均,舒强,周尚哲,等.中国第四纪冰川研究的回顾与展望[J].冰川冻土,2004,26(3):235-243.

[81] 郑本兴,沈永平,焦克勤.希夏邦马峰东南富曲河谷的冰川沉积和冰川构造[J].沉积学报,1994(2):1-10.

[82] 苏珍,刘宗香,王文悌,等.青藏高原冰川对气候变化的响应及趋势预测[J].地球科学进展,1999(06):607-612.

[83] 苏珍,A.B.奥尔洛夫.1991年中苏联合希夏邦马峰地区冰川考察研究简况[J].冰川冻土,1992(02):184-186.

[84] 蒲健辰,姚檀栋,王宁练,等.近百年来青藏高原冰川的进退变化[J].冰川冻土,2004,26(5):517-522.

[85] 姚檀栋,刘时银,蒲健辰,等.高亚洲冰川的近期退缩及其对西北水资源的影响[J].中国科学D辑,2004,34(6):535-543.

[86] 施雅风,刘时银.中国冰川对21世纪全球变暖响应的预估[J].科学通报,2000(04):434-438.

[87] 刘昌明,郑红星,王中根,等.基于HIMS的水文过程多尺度综合模拟[J].北京师范大学学报(自然科学版),2010,46(3):268-273.

[88] 张志果,徐宗学,巩同梁.梯级-关联算法原理及其在月流量预报中的应用[J].水科学进展,2007,18(1):114-117.

[89] 王礼先,等.山洪及泥石流灾害预报[M].北京:中国林业出版社,2001.

[90] 钱慧,周新志.山洪预报决策系统的构建[J].科学技术与工程,2011,11(24):

5858-5862,5874.

　［91］何秉顺,郭良.再谈山洪预警[J].中国防汛抗旱,2018,28(12):78-79,89.

　［92］崔鹏,刘世建,谭万沛.中国泥石流监测预报研究现状与展望[J].自然灾害学报,2000(02):10-15.

　［93］魏丽,胡凯衡,黄远红.我国与美国、日本山洪灾害现状及防治对比[J].人民长江,2018,49(04):29-33.

　［94］孙东亚,张红萍.欧美山洪灾害防治研究进展及实践[J].中国水利,2012(23):16-17.